建设工程资料管理与填写范例丛书

建筑工程现场验收检查
原始记录填写范例与指南

曲　楠　任晓亚　裴　军　主　　编

袁白云　邢伟宁　胡茂泉　副主编

北京筑业志远软件开发有限公司　组织编写

U0212533

中国建材工业出版社

北　京

图书在版编目（CIP）数据

建筑工程现场验收检查原始记录填写范例与指南/
曲楠，任晓亚，裴军主编；北京筑业志远软件开发有限
公司组织编写．--北京：中国建材工业出版社，
2025.4
（建设工程资料管理与填写范例丛书）
ISBN 978-7-5160-3417-0

Ⅰ.①建… Ⅱ.①曲… ②任… ③裴… ④北… Ⅲ.
①建设工程－工程验收－建筑规范－记录 Ⅳ.①TU711

中国版本图书馆 CIP 数据核字（2021）第 262559 号

建筑工程现场验收检查原始记录填写范例与指南
JIANZHU GONGCHENG XIANCHANG YANSHOU JIANCHA YUANSHI JILU TIANXIE FANLI
YU ZHINAN

曲 楠 任晓亚 裴 军 主 编
袁白云 邢伟宁 胡茂泉 副主编
北京筑业志远软件开发有限公司 组织编写
出版发行：中国建材工业出版社
地　　址：北京市西城区白纸坊东街 2 号院 6 号楼
邮　　编：100054
经　　销：全国各地新华书店
印　　刷：北京联兴盛业印刷股份有限公司
开　　本：787mm×1092mm　　1/16
印　　张：16.5
字　　数：400 千字
版　　次：2025 年 4 月第 1 版
印　　次：2025 年 4 月第 1 次
定　　价：**75.00 元**

《建筑工程现场验收检查原始记录填写范例与指南》
编　委　会

组织编写：北京筑业志远软件开发有限公司

主　　编：曲　楠　任晓亚　裴　军

副 主 编：袁白云　邢伟宁　胡茂泉

参　　编：李亚正　黄勇辉　徐宝双　汤光伟

前　言

工程资料是在工程项目实施过程中同步形成的反映工程质量的主要载体，是工程竣工验收的必备条件，也是工程项目投入使用后运营、维护、改建和扩建的原始依据，是工程技术质量管理经验的记录、总结与积累。

《建筑与市政工程施工质量控制通用规范》GB 55032—2022 要求工程质量控制资料应准确齐全、真实有效，且具有可追溯性；明确单位工程质量验收合格的前提包括：质量控制资料应完整、真实，所含分部工程中有关安全、节能、环境保护和主要使用功能的检验资料应完整。

现场验收检查原始记录是工程质量验收的第一手记录，是工程资料真实的基础保证。为了让广大工程技术质量管理人员更好地理解和掌握原始记录，北京筑业志远软件开发有限公司组织编写了本书。

本书包括原始记录基本要求、检验批划分原则、检验批容量和抽样数量要求，以及地基与基础工程、主体结构工程、建筑装饰装修工程、屋面工程、建筑给水排水及供暖工程、通风与空调工程、建筑电气工程、智能建筑工程、建筑节能工程、电梯工程等十个分部工程检验批质量验收记录和对应原始记录的填写范例与填写说明。

本书结构清楚，范例内容完整。表格范例加填写说明的形式，可有效指导工程技术、质量管理、资料管理等从业人员的相关业务工作。欢迎广大读者和专家对本书提出宝贵意见。意见和建议可反馈至邮箱：1598552158@qq.com，以便我们修订时参考。

本书编委会

目　录

第一章 原始记录概述

一、原始记录的依据

《建筑工程施工质量验收统一标准》GB 50300—2013 第 5.0.5 条第 1 款规定"检验批质量验收记录可按本标准附录 E 填写，填写时应具有现场验收检查原始记录"。

二、原始记录的基本要求

1. 《建筑工程施工质量验收统一标准》GB 50300—2013 于 2014 年 6 月 1 日实施，加强了建筑工程质量管理，统一了建筑工程施工质量的验收。原始记录的填写应符合以下要求：

（1）原始记录应由专业监理工程师、施工单位专业质量检查员和专业工长共同签署。

（2）原始记录应在单位工程竣工验收前存档备查。

（3）原始记录格式可由施工、监理等单位确定，包括检查项目、检查位置、检查结果等内容。

（4）原始记录应为现场验收检查的第一手资料。

2. 原始记录作为"检验批质量验收记录"的填写依据，与"检验批质量验收记录"中验收项目可能不会一一对应，现总结出以下 4 条原始记录中不需要记录的验收项目：

（1）"检验批质量验收记录"中验收项目检查方法要求检查材料进场验收记录的，例如屋面工程分部中的"板状材料保温层检验批质量验收记录"主控项目 1"材料质量检查"在原始记录中不填写，因为在检验批验收的时候检查的是"材料进场验收记录"，不需要现场检查。

（2）"检验批质量验收记录"中验收项目检查方法要求检查第三方试验报告的项目，例如建筑节能工程分部中的"供暖节能工程检验批质量验收记录"主控项目 2"供暖节能工程使用的散热器和保温材料进场复验"在原始记录中不填写，因为在检验批验收时检查的是"散热器试验报告""防水材料试验报告"，不需要现场检查。

（3）"检验批质量验收记录"中验收项目检查方法要求检查试验记录的项目，例如屋面工程分部中的"卷材防水检验批质量验收记录"主控项目 2"卷材防水层不得有渗漏或积水现象"在原始记录中不填写，因为在检验批验收的时候检查的是"防水工程试水试验记录"，不需要现场检查。

（4）"检验批质量验收记录"中验收项目检查方法要求检查"隐蔽工程验收记录"或"施工记录"的项目，例如装饰装修工程分部中的"板材隔墙检验批质量验收记录"主控项目 2"预埋件、连接件位置和数量及连接方法要求"在原始记录中不填写，因为在检验批验收的时候检查的是"隐蔽工程验收记录"，不需要现场检查。

三、原始记录的表格样式及特点汇总

1. 《建筑工程施工质量验收统一标准》GB 50300—2013 没有给出具体原始记录表式。各地在执行时选用的表格样式有所不同，但检查内容基本一致。例如北京、福建、河北等大部分省市，采用表 1-1，含验收项目、验收部位、验收情况等。监理及施工单位人员均应签字，填写形式没有具体要求，可以对应单行模式，也可对应多行模式。本书范例采用表 1-1 填写。

2. 山西、新疆、广东等省份对原始记录填写及表格式样有具体要求，详见以下内容：

（1）山西省原始记录没有要求监理单位签字，详见表 1-2。

（2）新疆原始记录要求监理单位提供验收意见，详见表 1-3。

（3）广东省原始记录填写内容较多，详见表 1-4。

（4）甘肃省原始记录中，需要资料员签字，详见表 1-5。

（5）江苏省原始记录中，需要列出现场测量项目，详见表 1-6。

（6）广西原始记录要求一一对应填写，每个验收内容应放在一行，篇幅不够可追加续页。

表 1-1　检验批现场验收检查原始记录（一般表式）

共　页　第　页

单位（子单位）工程名称			验收日期	
检验批名称			对应检验批编号	
编号	验收项目	验收部位	验收情况记录	备注
签字栏	专业监理工程师		专业质量检查员	专业工长

表 1-2　检验批验收现场检查原始记录（山西表式）

年　月　日 　　　　　　　　　　　　　　　　　　　　　　　　　　　　　　　　　　共　页　第　页

单位（子单位）工程名称		分项工程	
分部（子分部）工程		验收部位	
施工单位		监理单位	
检验批名称		检验批编号	

编号	检查项目	检查位置	检查情况记录	统计分析
施工单位	专业施工员： 专业质量检查员： 　　　　　　　　　　　　　　　　　　　　　　　　　　　年　月　日			

注：检验批验收现场检查原始记录应作为检验批质量验收记录的附件，保证该记录的可追溯性。在单位竣工验收前存档备查，但不作为工程施工资料档案存档。

表 1-3 现场质量验收检查原始记录（新疆表式）

单位（子单位）工程名称				共 页 第 页	
检验批名称			检验批编号		
编号	验收项目	验收部位	验收情况记录		备注

监理验收意见：

专业监理工程师：

年 月 日

检查单位名称	专业施工员：专业质量检查员：	检查结果		检查人	记录人
		合格不合格			年 月 日

注：1. 本表与检验批质量验收记录配套使用；
　　2. 本表一式一份；
　　3. 本表为手抄记录用表。

表 1-4 检验批现场验收检查测试原始记录（广东表式）

单位（子单位）工程名称				
施工单位				
分部/子分部分项（系统/子系统）			检验批编号	
检查测试日期	年 月 日 至 年 月 日		最小/实际抽样数量	

测试计量器具（仪表、仪器）及其附属设备（器具）的名称/型号、规格/量程/分辨精度/出厂编号/制造厂商/其他要素：

序号	验收依据名称/编号/条文号	检查测试项目	检查测试部位	验收规定	施工依据规定	检查测试情况记录	备注
综合评价结论/备注							
检测调试负责人签名							

监理（建设）单位		施工单位		
专业监理工程师（建设单位项目专业负责人）：		专业工长	专业质检员	施工班组长

表 1-5 现场验收检查原始记录（甘肃表式）

共 页 第 页

单位（子单位）工程名称					
检验批名称			对应检验批编号		
编号	验收项目	验收部位	验收情况记录		备注
签字栏	专业监理工程师		专业质量检查员		专业工长

监理校核： 检查： 记录： 验收日期： 年 月 日

资料员（签字）：

表 1-6 现场检查原始记录（江苏表式）

工程名称		分部（子分部）工程名称		分项工程名称	
施工单位		项目负责人		检验批容量	
分包单位		分包单位项目负责人		检验批部位	
选择计数抽样方案			打印原始记录空白表格前必须选择抽样方案		

	项目	检查部位及质量情况
主控项目检查		
一般项目检查		

	项目 ／ 测量部位												
现场测量													

专业长：　　　　　　质量检查员：　　　　　　监理工程师：

　　年　月　日　　　　　　年　月　日　　　　　　年　月　日

第二章 检验批划分

《建筑工程施工质量验收统一标准》GB 50300—2013 第 4.0.7 条规定"施工前,应由施工单位制定分项工程和检验批的划分方案,并由监理单位审核。对于附录 A 及相关专业验收规范未涵盖的分项工程和检验批,可由建设单位组织监理、施工等单位协商确定。"针对本条规定,可以由各个专业技术负责人在开工前把分项工程和检验批的划分方案确定下来,上报监理审批。

本章参照各专业验收规范的规定,整理汇总了十个分部工程检验批的划分要求。

一、地基与基础工程

1. 地基、基础、基坑支护、地下水控制、土方和边坡等各分项工程一般划分为一个检验批,如果工程量很大或者施工组织设计与专项施工方案中要求分段施工的,可以按材料、工艺和施工部位划分。

2. 地下防水工程各分项工程的检验批划分应符合下列规定:

(1) 主体结构防水工程和细部构造防水工程应按结构层、变形缝或后浇带等施工段划分检验批;

(2) 特殊施工法结构防水工程应按隧道区间、变形缝等施工段划分检验批;

(3) 排水工程和注浆工程应各为一个检验批;

(4) 各检验批的抽样检验数量、细部构造应为全数检查,其他均应符合本规范的规定。

二、主体结构工程

1. 混凝土结构工程可根据工艺相同、便于控制质量的原则,按结构类型、构件类型、工作班组、楼层、施工段和变形缝划分检验批。

2. 砌体结构工程各分项工程的检验批划分应符合下列规定:

(1) 所用材料类型及同类型材料的强度等级相同;

(2) 不超过 250m³ 砌体;

(3) 主体结构砌体一个楼层(基础砌体可按一个楼层计),填充墙砌体量少时可多个楼层合并。

3. 钢结构工程各分项工程的检验批划分应符合下列规定:

(1) 单层钢结构安装工程可按变形缝或空间刚度单元等划分成一个或若干个检验批。地下钢结构可按不同地下层划分检验批;

(2) 多层及高层钢结构安装工程可按楼层或施工段等划分为一个或若干个检验批。地下钢结构可按不同地下层划分检验批;

(3) 钢网架结构安装工程可按变形缝、施工段或空间刚度单元划分成一个或若干个检验批；

（4）压型金属板的制作和安装工程可按变形缝、楼层、施工段或屋面、墙面、楼面等划分为一个或若干个检验批；

（5）其余分项工程的检验批划分与钢结构安装工程保持一致，或者根据现场情况进行合理的调整。

4. 钢管混凝土结构及型钢混凝土结构检验批的划分可参照混凝土和钢结构的划分原则。

5. 铝合金结构工程各分项工程的检验批划分应符合下列规定：

（1）单层铝合金安装工程应按变形缝或空间刚度单元等划分成一个或若干个检验批，多层铝合金结构安装工程应按楼层或施工段等划分为一个或若干个检验批。

（2）铝合金空间网格结构安装工程应按变形缝、施工段或空间刚度单元划分成一个或若干个检验批。

（3）铝合金面板的制作和安装工程应按变形缝、施工段、轴线等划分为一个或若干个检验批。

（4）铝合金幕墙结构安装工程应按下列规定划分检验批：

① 相同设计、材料、工艺和施工条件的幕墙工程每 $500\sim1000m^2$ 为一个检验批，不足 $500m^2$ 应划分为一个检验批。每个检验批每 $100m^2$ 抽查不应少于一处，每处不应小于 $10m^2$。

② 同一单位工程的不连续幕墙工程应单独划分检验批。

③ 异型或有特殊要求的幕墙检验批的划分，应根据幕墙的结构、工艺特点及幕墙工程规模，由监理单位（或建设单位）和施工单位协商确定。

（5）其余分项工程的检验批划分与铝合金结构安装工程保持一致，或者根据现场情况进行合理的调整。

6. 木结构工程各分项工程的检验批划分应符合下列规定：

（1）材料、构配件的质量控制应以一幢方木、原木结构房屋为一个检验批；构件制作安装质量控制应以整幢房屋的一楼层或变形缝间的一楼层为一个检验批。

（2）材料、构配件的质量控制应以一幢胶合木结构房屋为一检验批；构件制作安装质量控制应以整幢房屋的一楼层或变形缝间的一楼层为一个检验批。

（3）轻型木结构材料、构配件的质量控制应以同一建设项目同期施工的每幢建筑面积不超过 $300m^2$、总建筑面积不超过 $3000m^2$ 的轻型木结构建筑为一检验批，不足 $3000m^2$ 者应视为一检验批，单体建筑面积超过 $300m^2$ 时，应单独视为一检验批；轻型木结构制作安装质量控制应以一幢房屋的一层为一检验批。

（4）木结构防护工程的检验批可分别按规范第 4～6 章对应的方木与原木结构、胶合木结构或轻型木结构的检验批划分。

三、建筑装饰装修工程

1. 建筑地面工程各分项工程的检验批划分应符合下列规定：

（1）基层（各构造层）和各类面层的分项工程的施工质量验收应按每一层次或每层施工段（或变形缝）划分检验批，高层建筑的标准层可按每三层（不足三层按三层计）

划分检验批。

（2）每检验批应以各子分部工程的基层（各构造层）和各类面层所划分的分项工程按自然间（或标准间）检验，抽查数量应随机检验不少于3间；不足3间时，应全数检查；其中走廊（过道）应以10延长米为1间，工业厂房（按单跨计）、礼堂、门厅应以两个轴线为1间计算。

（3）有防水要求的建筑地面子分部工程的分项工程施工质量，每检验批抽查数量应按其房间总数随机检验不少于4间，不足4间时，应全数检查。

2. 抹灰工程各分项工程的检验批划分应符合下列规定：

（1）相同材料、工艺和施工条件的室外抹灰工程每1000m²应划分为一个检验批，不足1000m²时也应划分为一个检验批；

（2）相同材料、工艺和施工条件的室内抹灰工程每50个自然间应划分为一个检验批，不足50间也应划分为一个检验批，大面积房间和走廊可按抹灰面积每30m²计为1间。

3. 外墙防水工程的各分项工程的检验批的划分应符合下列规定：

相同材料、工艺和施工条件的外墙防水工程每1000m²应划分为一个检验批，不足1000m²时也应划分为一个检验批。

4. 门窗工程各分项工程的检验批划分应符合下列规定：

（1）同一品种、类型和规格的木门窗、金属门窗、塑料门窗和门窗玻璃每100樘应划分为一个检验批，不足100樘也应划分为一个检验批；

（2）同一品种、类型和规格的特种门每50樘应划分为一个检验批，不足50樘也应划分为一个检验批。

5. 吊顶工程各分项工程的检验批划分应符合下列规定：

同一品种的吊顶工程每50间应划分为一个检验批，不足50间也应划分为一个检验批，大面积房间和走廊可按吊顶面积每30m²计为1间。

6. 轻质隔墙工程各分项工程的检验批划分应符合下列规定：

同一品种的轻质隔墙工程每50间应划分为一个检验批，不足50间也应划分为一个检验批，大面积房间和走廊可按轻质隔墙面积每30m²计为1间。

7. 饰面板工程各分项工程的检验批划分应符合下列规定：

（1）相同材料、工艺和施工条件的室内饰面板工程每50间应划分为一个检验批，不足50间也应划分为一个检验批，大面积房间和走廊可按饰面板面积每30m²计为1间；

（2）相同材料、工艺和施工条件的室外饰面板工程每1000m²应划分为一个检验批，不足1000m²也应划分为一个检验批。

8. 饰面砖工程各分项工程的检验批划分应符合下列规定：

（1）相同材料、工艺和施工条件的室内饰面砖工程每50间应划分为一个检验批，不足50间也应划分为一个检验批，大面积房间和走廊可按饰面砖面积每30m²计为1间；

（2）相同材料、工艺和施工条件的室外饰面砖工程每1000m²应划分为一个检验批，不足1000m²也应划分为一个检验批。

9. 幕墙工程各分项工程的检验批划分应符合下列规定：

（1）相同设计、材料、工艺和施工条件的幕墙工程每 1000m² 应划分为一个检验批，不足 1000m² 也应划分为一个检验批；

（2）同一单位工程不连续的幕墙工程应单独划分检验批；

（3）对于异形或有特殊要求的幕墙，检验批的划分应根据幕墙的结构、工艺特点及幕墙工程规模，由监理单位（或建设单位）和施工单位协商确定。

10. 涂饰工程各分项工程的检验批划分应符合下列规定：

（1）室外涂饰工程每一栋楼的同类涂料涂饰墙面每 1000m² 应划分为一个检验批，不足 1000m² 也应划分为一个检验批；

（2）室内涂饰工程同类涂料涂饰墙面每 50 间应划分为一个检验批，不足 50 间也应划分为一个检验批，大面积房间和走廊可按涂饰面积每 30m² 计为 1 间。

11. 裱糊与软包工程各分项工程的检验批划分应符合下列规定：

同一品种的裱糊或软包工程每 50 间应划分为一个检验批，不足 50 间也应划分为一个检验批，大面积房间和走廊可按裱糊或软包面积每 30m² 计为 1 间。

12. 细部工程各分项工程的检验批划分应符合下列规定：

（1）同类制品每 50 间（处）应划分为一个检验批，不足 50 间（处）也应划分为一个检验批；

（2）每部楼梯应划分为一个检验批。

四、屋面工程

各分项工程宜按屋面面积每 500~1000m² 划分为一个检验批，不足 500m² 也应划分为一个检验批。

五、建筑给水排水及供暖工程

可按设计系统和设备组别来划分检验批，也可按区域、施工段或楼层、单元来划分检验批。

六、通风与空调工程

可按设计系统和设备组别划分检验批，对于风管配件制作工程，可按规格、型号、数量来划分检验批；对设备安装可按设备规格型号、数量来划分检验批；对于管道系统安装工程，可按管道的规格、型号、长度来划分检验批。

七、建筑电气工程

1. 室外电气安装工程中分项工程的检验批，依据庭院大小、投运时间先后、功能区块不同划分。

2. 变配电室安装工程中分项工程的检验批，主变配电室为 1 个检验批；有数个分变配电室，且不属于子单位工程的子分部工程，各为 1 个检验批，其验收记录汇入所有变配电室有关分项工程的验收记录中；如各分变配电室属于各子单位工程的子分部工程，所属分项工程各为 1 个检验批，其验收记录应为一个分项工程验收记录，经子分部工程验收记录汇入分部工程验收记录中。

3. 供电干线安装工程分项工程的检验批，依据供电区段和电气线缆竖井的编号划分。

4. 电气动力和电气照明安装工程中分项工程及建筑物等电位联结分项工程的检验批，其划分的界区应与建筑土建工程一致。

5. 备用和不间断电源安装工程中分项工程各自成为 1 个检验批。

6. 防雷及接地装置安装工程中分项工程检验批，人工接地装置和利用建筑物基础钢筋的接地体各为 1 个检验批，大型基础可按区块划分成几个检验批；避雷引下线安装 6 层以下的建筑为 1 个检验批，高层建筑以均压环设置间隔的层数为 1 个检验批；接闪器安装同一屋面为 1 个检验批。

八、智能建筑工程

可按设计系统和设备组别来划分检验批，也可按区域、施工段或楼层、单元来划分检验批。

九、建筑节能工程

1. 墙体节能工程验收的检验批划分应符合下列规定：

（1）采用相同材料、工艺和施工做法的墙面，扣除门窗洞后的保温墙面面积每 1000m² 划分为一个检验批，不足 1000m² 也为一个检验批；

（2）检验批的划分也可根据与施工流程相一致且方便施工与验收的原则，由施工单位与监理工程师共同商定。

2. 幕墙节能工程验收的检验批划分应符合下列规定：

（1）采用相同材料、工艺和施工做法的幕墙，按照幕墙面积每 1000m² 划分为一个检验批，不足 1000m² 也为一个检验批；

（2）检验批的划分也可根据与施工流程相一致且方便施工与验收的原则，由施工单位与监理工程师共同商定。

3. 门窗节能工程验收的检验批划分应符合下列规定：

（1）同一厂家同材质、类型和型号的门窗每 200 樘划分为一个检验批，不足 200 樘也为一个检验批；

（2）同一厂家同材质、类型和型号的特种门窗每 50 樘划分为一个检验批，不足 50 樘也为一个检验批；

（3）异形或有特殊要求的门窗检验批的划分也可根据其特点和数量，由施工单位与监理工程师协商确定。

4. 屋面节能工程施工质量验收的检验批划分应符合下列规定：

（1）采用相同材料、工艺和施工做法的屋面，扣除天窗、采光顶后的屋面面积，每 1000m² 面积划分为一个检验批，不足 1000m² 也应划分为一个检验批；

（2）检验批的划分也可根据与施工流程相一致且方便施工与验收的原则，由施工单位与监理工程师共同商定。

5. 地面节能分项工程检验批划分应符合下列规定：

（1）采用相同材料、工艺和施工做法的地面，每 1000m² 面积划分为一个检验批，不足 1000m² 也为一个检验批；

（2）检验批的划分也可根据与施工流程相一致且方便施工与验收的原则，由施工单位与监理工程师共同商定。

6. 供暖节能工程检验批的划分可按照系统、楼层等划分为若干个检验批。

7. 通风与空调节能工程检验批的划分可按照系统、楼层等划分为若干个检验批。

8. 空调与供暖系统冷热源及管网节能工程检验批的划分可分别按冷源、热源系统及室外管网等划分为若干个检验批。

9. 配电与照明节能工程检验批的划分可按系统、楼层、建筑分区划分为若干个检验批。

10. 监测与控制节能工程检验批的划分可按照采暖、通风、空气调节、配电和照明所采用的监测与控制系统、能耗计量系统以及建筑能源管理系统划分为若干个检验批。

11. 可再生能源节能工程检验批的划分可按照系统、设备组别划分为若干个检验批。

十、电梯工程

通常一部电梯划分为一个检验批。

第三章　检验批容量及抽样数量

一、检验批容量

1. 根据《建筑工程施工质量验收统一标准》GB 50300—2013 的要求，检验批质量验收记录要填写检验批容量。

对检验批来说，检验批容量就是检验批中主要验收项目的工程量。对具体验收项目来说，检验批容量是按质量验收规范规定的计量单位计算的验收实体的数量。一个检验批，验收实体对象可能有多种，检验批容量要分别计算。

比如模板安装检验批，如果把柱、梁、板模板安装划为一个检验批，这个检验批就包括柱模板、梁模板、板模板 3 种验收实体对象。

按规范要求，"在同一检验批内，柱模板应抽查构件数量的 10%，且不少于 3 件"，柱模板的计量单位就是构件，检验批容量就是本检验批含多少件柱（多少根柱）。对梁模板来说，"梁模板应抽查构件数量的 10%，且不少于 3 件"，梁模板的计量单位也是构件，检验批容量就是本检验批含多少件梁（多少道梁）。对板模板来说，"板模板应按有代表性的自然间抽查 10%，且不少于 3 间"，板模板的计量单位就是自然间，检验批容量就是本检验批含多少间板（多少块板）。

比如土方开挖检验批，包含基底和边坡两种验收实体对象。规范要求"场地表面每 $100 \sim 400 m^2$ 取一点，但不应少于 10 点"，基底的计量单位就是"m^2"，基底的检验批容量就是基底面积。对边坡，"每 20m 取 1 点，每边不应少于 1 点"，边坡的计量单位就是"m"，边坡的检验批容量就是边坡长度。

2. 检验批质量验收记录中，检验批容量的填写，可以分为以下几种形式：

（1）检验批容量为当前施工段的主要工程量，具体表现是，混凝土浇筑时检验批容量为"m^3"，钢筋安装时检验批容量为"t"；

（2）检验批容量为当前施工段的施工范围，可以理解为当前施工段的水平投影面积，具体表现是，混凝土浇筑、钢筋安装和模板安装时检验批为"m^2"；

（3）检验批容量为当前施工的构件数量，具体表现是，混凝土浇筑框架柱时检验批容量为"根"，门窗安装时检验批容量为"樘"。

二、抽样数量

1. 按照《建筑工程施工质量验收统一标准》GB 50300—2013 的要求，检验批质量验收记录增加了最小抽样数量和实际抽样数量的内容。

抽样数量，指检验批质量验收过程中抽取的样本数量。对主控项目和一般项目，专业验收规范要求的检查数量就是最小抽样数量。施工现场质量验收时，实际的抽样数量不能小于最小抽样数量。

当专业验收规范没有对抽样数量做出规定时，应由建设单位组织监理、施工等单位协商制定抽样方案。抽样方案中对计数检验的项目，应按照《建筑工程施工质量验收统一标准》GB 50300—2013 中表 3.0.9 的规定确定最小抽样数量。

表 3.0.9 检验批最小抽样数量

检验批的容量	最小抽样数量	检验批的容量	最小抽样数量
2～15	2	151～280	13
16～25	3	281～500	20
26～90	5	501～1200	32
91～150	8	1201～3200	50

2. 检验批质量验收记录中，最小抽样数量和实际抽样数量的填写，以《钢结构工程施工质量验收标准》GB 50205—2020 为例，分为以下几种情况。

（1）全数检查。

4.2.2 钢板应按本标准附录 A 的规定进行见证抽样复验，其复验结果应符合国家现行标准的规定并满足设计要求。

检查数量：全数检查。

检验方法：见证取样送样，检查复验报告。

（2）需要用试验报告和材质证明、隐蔽验收记录，施工记录和试验记录等来描述的项目。

11.4.6 钢管结构中相互搭接支管的焊接顺序和隐蔽焊缝的焊接方法应满足设计要求。

检查数量：全数检查。

检验方法：查验施工图、详图和隐蔽记录。

（3）定数或百分比抽样。

4.2.3 钢板厚度及允许偏差应满足其产品标准和设计文件的要求。

检查数量：每批同一品种、规格的钢板抽检 10%，且不应少于 3 张，每张检测 3 处。

检验方法：用游标卡尺或超声波测厚仪量测。

（4）资料全查，定数抽样。

5.2.6 T 形接头、十字接头、角接接头等要求焊透的对接和角接组合焊缝，其加强焊脚尺寸 h_k 不应小于 $t/4$ 且不大于 10mm，其允许偏差为 0～4mm。

检查数量：资料全数检查；同类焊缝抽查 10%，且不应少于 3 条。

检验方法：观察检查，用焊缝量规抽查测量。

（5）有两种限定方法的定数抽样。

4.11.3 防腐涂料和防火涂料的型号、名称、颜色及有效期应与其质量证明文件相符。开启后，不应存在结皮、结块、凝胶等现象。

检查数量：按桶数抽查 5%，且不应少于 3 桶。

检验方法：观察检查。

三、检验批容量单位汇总（GB 50300—2013）

表 3.1　检验批容量单位汇总

子分部名称	分项工程名称	检验批名称	检验批容量单位	说明
一、地基与基础				
1 地基	1 素土、灰土地基	素土、灰土地基检验批	m^2	地基面积
	2 砂和砂石地基	砂和砂石地基检验批		
	3 土工合成材料地基	土工合成材料地基检验批		
	4 粉煤灰地基	粉煤灰地基检验批		
	5 强夯地基	强夯地基检验批		
	6 注浆地基	注浆地基检验批		
	7 预压地基	预压地基检验批		
	8 砂石桩复合地基	砂石桩复合地基检验批		
	9 高压旋喷注浆地基	高压旋喷注浆地基检验批		
	10 水泥土搅拌桩地基	水泥土搅拌桩地基检验批		
	11 土和灰土挤密桩复合地基	土和灰土挤密桩复合地基检验批		
	12 水泥粉煤灰碎石桩复合地基	水泥粉煤灰碎石桩复合地基检验批		
	13 夯实水泥土桩复合地基	夯实水泥土桩复合地基检验批		
2 基础	1 无筋扩展基础	无筋扩展基础检验批	m^3	混凝土或砌体方量
		砖砌体检验批		砌体体积
		混凝土小型空心砌块砌体检验批		
		石砌体检验批		
		配筋砌体检验批		
	2 钢筋混凝土扩展基础	钢筋混凝土扩展基础检验批	件	构件数量
		模板安装检验批	件或 m^2	扩展基础模板两个主轴线间可为 1 件
		钢筋原材料检验批	t 或批（种）	批（种）为每次进场钢筋所含牌号、规格数量，每批钢筋至少取样复试 1 组
		钢筋加工检验批	t 或件或批（种）	件为成型钢筋的数量。每台加工机械每工作班加工的同一类型的成型钢筋为 1 批（种）
		钢筋连接检验批	个或件	个为钢筋接头数量。件为构件数量

续表

子分部名称	分项工程名称	检验批名称	检验批容量单位	说明
2 基础	2 钢筋混凝土扩展基础	钢筋安装检验批	件或 t	
		混凝土原材料检验批	t	
		混凝土配合比设计检验批	不填写或组	每个强度等级的混凝土都需要做一个配合比设计
		混凝土施工检验批	m³	
		现浇结构外观及尺寸偏差检验批	件	
		混凝土设备基础外观及尺寸偏差检验批	件	
	3 筏形与箱形基础	筏形与箱形基础检验批	件	构件数量
		模板安装检验批	件或 m²	筏板基础模板两个主轴线间可为 1 件。箱型基础可按墙、板、梁、柱等构件数量
		钢筋原材料检验批	t 或批（种）	批（种）为每次进场钢筋所含牌号、规格数量，每批钢筋至少取样复试 1 组
		钢筋加工检验批	t 或件或批（种）	件为成型钢筋的数量。每台加工机械每工作班加工的同一类型的成型钢筋为 1 批（种）
		钢筋连接检验批	个或件	个为钢筋接头数量。件为构件数量
		钢筋安装检验批	件或 t	
		混凝土配合比设计检验批	不填写或组	每个强度等级的混凝土都需要做一个配合比设计
		混凝土施工检验批	m³	
		现浇结构外观及尺寸偏差检验批	件或间或 m²	
		混凝土设备基础外观及尺寸偏差检验批	件	设备基础按件检查
		混凝土原材料检验批	t	

子分部名称	分项工程名称	检验批名称	检验批容量单位	说明
2 基础	4 钢结构基础	钢结构焊接检验批	件	原始记录可注明不同类别构件数量
		焊钉（栓钉）焊接工程检验批	件或个	原始记录可注明不同类别构件数量，以及焊钉个数
		紧固件连接检验批	节点	紧固件连接节点数量
		高强度螺栓连接检验批	节点	高强螺栓连接节点数量。原始记录可注明高强螺栓总个数、箱数
		钢零部件加工检验批	个	零部件种类较多，原始记录可分别注明数量
		钢构件组装检验批	件	原始记录可注明不同类别构件数量
		钢构件预拼装检验批	件	原始记录可注明不同类别构件数量
		单层钢结构安装检验批	件	原始记录可注明不同类别构件数量
		多层及高层钢结构安装检验批	件	原始记录可注明不同类别构件数量
		压型金属板检验批	件	
		防腐涂料涂装检验批	件	
		防火涂料涂装检验批	件	
	5 钢管混凝土结构基础	钢管构件进场验收检验批	件	
		钢管混凝土构件现场拼装检验批	件	
		钢管混凝土柱柱脚锚固检验批	件	
		钢管混凝土构件安装检验批	件	
		钢管混凝土柱与钢筋混凝土梁连接检验批	件	
		钢管内钢筋骨架检验批	件	
		钢管内混凝土浇筑检验批	件	

子分部名称	分项工程名称	检验批名称	检验批容量单位	说明
2 基础	6 型钢混凝土结构基础	型钢混凝土结构焊接检验批	件	
		型钢混凝土结构紧固件连接检验批	件	
		型钢混凝土结构型钢与钢筋连接检验批	件	
		型钢混凝土结构型钢构件组装及预拼装检验批	件	
		型钢混凝土结构型钢安装检验批	件	
		型钢混凝土结构模板检验批	件	
		型钢混凝土结构混凝土检验批	件或 m³	构件数量，或者写混凝土浇筑方量
	7 钢筋混凝土预制桩基础	锤击预制桩检验批	根	
		静压预制桩检验批	根	
	8 泥浆护壁成孔灌注桩基础	泥浆护壁成孔灌注桩检验批	根	桩根数
	9 干作业成孔桩基础	干作业成孔灌注桩检验批	根	
	10 长螺旋钻孔压灌桩基础	长螺旋钻孔压灌桩检验批	根	
	11 沉管灌注桩基础	沉管灌注桩检验批	根	
	12 钢桩基础	钢桩施工检验批	根	
	13 锚杆静压桩基础	锚杆静压桩检验批	根	
	14 岩石锚杆基础	岩石锚杆检验批	根	
	15 沉井与沉箱基础	沉井与沉箱检验批	件	每座沉井或沉箱基础划为一个检验批
3 特殊土地基础	1 湿陷性黄土	湿陷性黄土场地上素土、灰土地基检验批	m²	地基面积
		湿陷性黄土场地上强夯地基检验批		
		湿陷性黄土场地上挤密地基检验批		
		湿陷性黄土场地上预浸水法检验批		
	2 冻土	保温隔热地基检验批	根	
		钢筋混凝土预制桩检验批		
		多年冻土地区泥浆护壁成孔灌注桩检验批		
		多年冻土地区干作业成孔灌注桩检验批		
		多年冻土地区长螺旋钻孔压灌桩检验批		
		架空通风基础检验批	m²	

续表

子分部 名称	分项工程名称	检验批名称	检验批 容量单位	说明
3 **特殊土** **地基础**	3 膨胀土	素土、灰土地基检验批	m²	地基面积
		砂和砂石地基检验批	m²	地基面积
		干作业成孔灌注桩检验批	根	桩根数
		长螺旋钻孔压灌注桩检验批	根	桩根数
		散水检验批	m²	散水面积
	4 盐渍土	砂和砂石地基检验批	m²	地基面积
		粉煤灰地基检验批	m²	地基面积
		强夯地基检验批	m²	地基面积
		砂石桩复合地基检验批	根	桩根数
		浸水预溶法检验批	m²	地基面积
		盐化法检验批	m²	地基面积
4 **基坑** **支护**	1 灌注桩排桩围护墙	灌注桩排桩检验批	根	
		单轴与双轴水泥土搅拌桩截水帷幕检验批		
		三轴水泥土搅拌桩截水帷幕检验批		
		渠式切割水泥土连续墙截水帷幕检验批		
		高压喷射注浆截水帷幕检验批		
	2 板桩围护墙	钢板桩围护墙检验批	件	
		预制混凝土板桩围护墙检验批		
	3 咬合桩围护墙	咬合桩围护墙检验批	件	
	4 型钢水泥土搅拌墙	内插型钢检验批	根	
	5 土钉墙	土钉墙支护检验批	m²或根	面积或土钉数量
	6 地下连续墙	泥浆性能检验批	槽段	
		钢筋笼制作与安装检验批	根	
		地下连续墙成槽及墙体检验批	槽段	
	7 水泥重力式挡墙	水泥土搅拌桩检验批	根	
	8 土体加固	水泥土搅拌桩土体加固检验批	根	
		高压喷射注浆截水帷幕土体加固检验批	根	
		注浆地基土体加固检验批	m²或根	
	9 内支撑	钢筋混凝土支撑检验批	件	
		钢支撑检验批		
		钢立柱检验批		
	10 锚杆	锚杆质量检验批	根	
	11 与主体结构相结合的基坑支护	竖向支承桩柱检验批	根	

续表

子分部名称	分项工程名称	检验批名称	检验批容量单位	说明
5 地下水控制	1 降水与排水	降水施工材料检验批	进场批次	
		轻型井点施工检验批	处	井管（点）的数量
		喷射井点施工检验批	处	
		管井施工检验批	处	
		轻型井点、喷射井点、真空管井降水运行检验批	处	
		减压降水管井运行检验批	处	
		管井封井检验批	口	
	2 回灌	回灌施工材料检验批	件	
		管井施工检验批	件	
		回灌管井运行检验批	件	
6 土方	1 土方开挖	柱基、基坑、基槽土方开挖工程检验批	m²	
		挖方场地平整土方开挖工程检验批	m²	
		管沟土方开挖工程检验批	m²或边坡长度	
		地（路）面基层土方开挖工程检验批		
	2 岩质基坑开挖	柱基、基坑、基槽、管沟岩质基坑开挖工程检验批	m²或边坡长度	
		挖方场地平整岩石开挖工程检验批	m²	
	3 土石方堆放与运输	土石方堆放工程检验批	m²	
	4 土方回填	柱基、基坑、基槽、管沟、地（路）面基础层填方工程检验批	m²	
		场地平整填方工程检验批	m²	
	5 场地平整	场地平整检验批	m²	
7 边坡	1 喷锚支护	边坡喷锚检验批	m²或m	挡土墙面积或长度
	2 挡土墙	挡土墙检验批	m²	
	3 边坡开挖	边坡开挖检验批	m³或m²	防水混凝土体积或外围面积（迎水面面积）
8 地下防水	1 主体结构防水	防水混凝土检验批	m²	
		水泥砂浆防水层检验批		
		卷材防水层检验批		
		涂料防水层检验批		

子分部名称	分项工程名称	检验批名称	检验批容量单位	说明
8 地下防水	1 主体结构防水	塑料防水板防水层检验批	m²	
		金属板防水层检验批	m²	
		膨润土防水材料防水层检验批	m²	
	2 细部构筑防水	施工缝检验批	m	
		变形缝检验批	m	
		后浇带检验批	处	
		穿墙管检验批	处	
		埋设件检验批	处	
		预留通道接头检验批	根	
		桩头检验批	处	
		孔口检验批	座	
		坑、池检验批	m²	
	3 特殊施工法结构防水	锚喷支护检验批	m²	
		地下连续墙结构防水检验批	环	
		盾构隧道检验批	m²	
		沉井检验批	m²	
		逆筑结构检验批	m	
	4 排水	渗排水、盲沟排水检验批	m	
		隧道排水、坑道排水检验批	m	
		塑料排水板排水检验批	m²	
	5 注浆	预注浆、后注浆检验批	条	
		结构裂缝注浆检验批	条	
二、主体结构				
1 混凝土结构	1 模板	模板安装检验批	件或 m²	筏板基础模板两个主轴线间可为 1 件。箱型基础可按墙、板、梁、柱等构件数量
	2 钢筋	钢筋原材料检验批	t 或批（种）	批（种）为每次进场钢筋所含牌号、规格数量，每批钢筋至少取样复试 1 组

子分部名称	分项工程名称	检验批名称	检验批容量单位	说明
1 混凝土结构	2 钢筋	钢筋加工检验批	t 或件或批（种）	件为成型钢筋的数量。每台加工机械每工作班加工的同一类型的成型钢筋为1批（种）
		钢筋连接检验批	个或件	个为钢筋接头数量。件为构件数量
		钢筋安装检验批	件或 t	
	3 混凝土	混凝土原材料检验批	t	
		混凝土配合比设计检验批	不填写或组	每个强度等级的混凝土都需要做一个配合比设计
		混凝土施工检验批	m³	
	4 预应力	预应力原材料检验批	批	同批次进场的同类同规格材料
		预应力制作与安装检验批	件	构件数量
		预应力张拉与放张检验批	根	预应力筋根（束）数
		预应力灌浆与封锚检验批	件	构件数量
	5 现浇结构	现浇结构外观及尺寸偏差检验批	件	
		混凝土设备基础外观及尺寸偏差检验批	件	
	6 装配式结构	装配式结构预制构件检验批	件	
		装配式结构施工检验批	件	
2 砌体结构	1 砖砌体	砖砌体检验批	m³	
	2 混凝土小型空心砌块砌体	混凝土小型空心砌块砌体检验批	m³	
	3 石砌体	石砌体检验批	m³	
	4 配筋砌体	配筋砌体检验批	m³	
	5 填充墙砌体	填充墙砌体检验批	m³	
3 钢结构	1 钢结构焊接	钢结构焊接检验批	件	原始记录可注明不同类别构件数量
		焊钉（栓钉）焊接工程检验批	件	原始记录可注明不同类别构件数量
	2 紧固件连接	紧固件连接检验批	件	原始记录可注明不同类别构件数量
		高强度螺栓连接检验批	处	指连接节点数量。原始记录可注明高强度螺栓总个数、箱数

子分部名称	分项工程名称	检验批名称	检验批容量单位	说明
3 钢结构	3 钢零部件加工	钢零部件加工检验批	个	零部件种类较多,原始记录可分别注明数量
	4 钢构件组装及预拼装	钢构件组装检验批	件	原始记录可注明不同类别构件数量
		钢构件预拼装检验批	件	原始记录可注明不同类别构件数量
	5 单层钢结构安装	单层钢结构安装检验批	件	原始记录可注明不同类别构件数量
	6 多层及高层钢结构安装	多层及高层钢结构安装检验批	件	原始记录可注明不同类别构件数量
	7 钢管结构安装	钢网架制作检验批	种	材料种类。原始记录可注明每种材料的数量
		钢网架安装检验批	个	单元数量或节点数量
	8 预应力钢索和膜结构	预应力钢索和膜结构检验批	面积或钢索根数	
	9 压型金属板	压型金属板检验批	件	
	10 防腐涂料涂装	防腐涂料涂装检验批	件	
	11 防火涂料涂装	防火涂料涂装检验批	件	
4 钢管混凝土结构	1 构件现场拼装	钢管构件进场验收检验批	件	
		钢管混凝土构件现场拼装检验批	件	
	2 构件安装	钢管混凝土柱柱脚锚固检验批	件	
		钢管混凝土构件安装检验批	件	
	3 钢管焊接	钢管混凝土柱与钢筋混凝土梁连接检验批	件	
	4 构件连接	钢管混凝土柱与钢筋混凝土梁连接检验批	件	
	5 钢管内钢筋骨架	钢管内钢筋骨架检验批	件	
	6 混凝土	钢管内混凝土检验批	件	

续表

子分部名称	分项工程名称	检验批名称	检验批容量单位	说明
5 型钢混凝土结构	1 型钢焊接	型钢混凝土结构焊接检验批	件	
	2 紧固件连接	型钢混凝土结构紧固件连接检验批	件	
	3 型钢与钢筋连接	型钢混凝土结构型钢与钢筋连接检验批	件	
	4 型钢构件组装及预拼装	型钢混凝土结构型钢构件组装及预拼装检验批	件	
	5 型钢安装	型钢混凝土结构型钢安装检验批	件	
	6 模板	型钢混凝土结构模板检验批	件	
	7 混凝土	型钢混凝土结构混凝土检验批	件或 m³	构件数量，或者写混凝土浇筑方量
6 铝合金结构	1 铝合金焊接	焊接材料检验批	包	
		铝合金构件焊接检验批	件	
	2 紧固件连接	标准紧固件检验批	包	
		普通紧固件连接检验批	处	节点数量
		高强度螺栓连接检验批	处	节点数量
	3 铝合金零部件加工	铝合金材料检验批	种	材料种类。原始记录可注明每种材料的数量
		铝合金零部件切割加工检验批	个	切割面数量
		铝合金零部件边缘加工检验批	个	加工面数量
		球、毂加工检验批	种	材料种类。原始记录可注明每种材料的数量
		铝合金零部件制孔检验批	件	
		铝合金零部件槽、豁、榫加工检验批	处	原始记录可注明槽、豁、榫的数量
	4 铝合金构件组装	螺栓球检验批	种	螺栓球种类数量。原始记录可注明每种螺栓球的数量
		铝合金构件组装检验批	件	
		铝合金构件端部铣平及安装焊缝坡口检验批	铣平：个 焊缝：条	
	5 铝合金构件预拼装	铝合金构件预拼装检验批	件	
	6 铝合金框架结构安装	铝合金框架结构基础和支承面检验批	件	
		铝合金框架结构总拼和安装检验批	件	

续表

子分部名称	分项工程名称	检验批名称	检验批容量单位	说明
6 铝合金结构	7 铝合金空间网格结构安装	铝合金空间网格结构支承面检验批	处	支座数量
		铝合金空间网格结构总拼和安装检验批	件	
	8 铝合金面板	铝合金面板检验批	件	
		铝合金面板制作检验批	件	
		铝合金面板安装检验批	件	
	9 铝合金幕墙结构安装	铝合金幕墙结构支承面检验批	处	支座数量
		铝合金幕墙结构总拼和安装检验批	件	
	10 防腐处理	其他材料检验批	防腐材料：kg 配件：包 密封材料：箱	不同材料的数量
		阳极氧化检验批	根	
		涂装检验批	根	
		隔离检验批	件	
7 木结构	1 方木和原木结构	方木和原木结构检验批	根	
	2 胶合木结构	胶合木结构检验批	件	
	3 轻型木结构	轻型木结构检验批	件	
	4 木结构防护	木结构防护检验批	件	
三、建筑装饰装修				
1 建筑地面	1 基层铺设	基土检验批	间	
		灰土垫层检验批		
		砂垫层和砂石垫层检验批		
		碎石垫层和碎砖垫层检验批		
		三合土垫层和四合土垫层检验批		
		炉渣垫层检验批	间	
		水泥混凝土垫层和陶粒混凝土垫层检验批		
		找平层检验批	间	
		隔离层检验批		
		填充层检验批		
		绝热层检验批		

续表

子分部名称	分项工程名称	检验批名称	检验批容量单位	说明
1 建筑 地面	2 整体面层铺设	水泥混凝土面层检验批	间	
		水泥砂浆面层检验批		
		水磨石面层检验批		
		硬化耐磨面层检验批		
		防油渗面层检验批		
		不发火（防爆）面层检验批		
		自流平面层检验批		
		涂料面层检验批		
		塑胶面层检验批		
		地面辐射供暖水泥混凝土面层检验批	间	
		地面辐射供暖水泥砂浆面层检验批		
	3 板块面层铺设	砖面层检验批	间	
		大理石面层和花岗石面层检验批		
		预制板块面层检验批		
		料石面层检验批		
		塑料板面层检验批		
		活动地板面层检验批		
		金属板面层检验批		
		地毯面层检验批		
		地面辐射供暖砖面层检验批		
		地面辐射供暖大理石面层和花岗石面层检验批		
		地面辐射供暖预制板块面层检验批		
		地面辐射供暖塑料板面层检验批		
2 抹灰	1 一般抹灰	一般抹灰检验批	室内：间 室外：m²	
	2 保温层薄抹灰	保温层薄抹灰检验批		
	3 装饰抹灰	装饰抹灰检验批		
	4 清水砌体勾缝	清水砌体勾缝检验批		
3 外墙 防水	1 外墙砂浆防水	外墙砂浆防水检验批	m²	
	2 涂膜防水	外墙涂膜防水检验批		
	3 透气膜防水	外墙防水透气膜防水检验批		

子分部名称	分项工程名称	检验批名称	检验批容量单位	说明
4 门窗	1 木门窗安装	木门窗安装检验批	樘	
	2 金属门窗安装	钢门窗安装检验批		
		铝合金门窗安装检验批		
		涂色镀锌钢板门窗安装检验批		
	3 塑料门窗安装	塑料门窗安装检验批		
	4 特种门安装	特种门安装检验批		
	5 门窗玻璃安装	门窗玻璃安装检验批		
5 吊顶	1 整体面层吊顶	整体面层吊顶检验批	间	
	2 板块面层吊顶	板块面层吊顶检验批		
	3 格栅吊顶	格栅吊顶检验批		
6 轻质隔墙	1 板材隔墙	板材隔墙检验批	间	
	2 骨架隔墙	骨架隔墙检验批		
	3 活动隔墙	活动隔墙检验批		
	4 玻璃隔墙	玻璃隔墙检验批		
7 饰面板	1 石板安装	石板安装检验批	室内：间 室外：m²	
	2 陶瓷板安装	陶瓷板安装检验批		
	3 木板安装	木板安装检验批		
	4 金属板安装	金属板安装检验批		
	5 塑料板安装	塑料板安装检验批		
8 饰面砖	1 外墙饰面砖粘贴	外墙饰面砖粘贴检验批	m²	
	2 内墙饰面砖粘贴	内墙饰面砖粘贴检验批	间	
9 幕墙	1 玻璃幕墙安装	玻璃幕墙安装检验批	m²	
	2 金属幕墙安装	金属幕墙安装检验批		
	3 石材幕墙安装	石材幕墙安装检验批		
	4 人造板材幕墙安装	人造板材幕墙安装检验批		
10 涂饰	1 水性涂料涂饰	水性涂料涂饰检验批	室内：间 室外：m²	
	2 溶剂型涂料涂饰	溶剂型涂料涂饰检验批		
	3 美术涂饰	美术涂饰检验批		
11 裱糊与软包	1 裱糊	裱糊检验批	间	
	2 软包	软包检验批		
12 细部	1 橱柜制作与安装	橱柜制作与安装检验批	间或处	
	2 窗帘盒和窗台板制作与安装	窗帘盒和窗台板制作与安装检验批	间或处	
	3 门窗套制作与安装	门窗套制作与安装检验批	间或处	
	4 护栏和扶手制作与安装	护栏和扶手制作与安装检验批	室内：间（处） 室外：处（段） 楼梯：段（跑）	每部楼梯划为一个检验批；除楼梯外，其他栏杆单独划分检验批
	5 花饰制作与安装	花饰制作与安装检验批	室内：间 室外：处	

续表

子分部 名称	分项工程名称	检验批名称	检验批 容量单位	说明
四、屋面			
1 基层与 保护	1 找坡层和找平层	找坡层检验批	m²	
		找平层检验批		
	2 隔汽层	隔汽层检验批		
	3 隔离层	隔离层检验批		
	4 保护层	保护层检验批		
2 保湿与 隔热	1 板状材料保温层	板状材料保温层检验批	m²	
	2 纤维材料保温层	纤维材料保温层检验批		
	3 喷涂硬泡聚氨酯保温层	喷涂硬泡聚氨酯保温层检验批		
	4 现浇泡沫混凝土保温层	现浇泡沫混凝土保温层检验批		
	5 种植隔热层	种植隔热层检验批		
	6 架空隔热层	架空隔热层检验批		
	7 蓄水隔热层	蓄水隔热层检验批		
3 防水与 密封	1 卷材防水层	卷材防水层检验批	m²	
	2 涂膜防水层	涂膜防水层检验批		
	3 复合防水层	复合防水层检验批		
	4 接缝密封防水	接缝密封防水检验批		
4 瓦面与 板面	1 烧结瓦和混凝土瓦铺装	烧结瓦和混凝土瓦铺装检验批	m²	
	2 沥青瓦铺装	沥青瓦铺装检验批		
	3 金属板铺装	金属板铺装检验批		
	4 玻璃采光顶铺装	玻璃采光顶铺装检验批		
5 细部 构造	1 檐口	檐口检验批	m	
	2 檐沟和天沟	檐沟和天沟检验批	m 或条	
	3 女儿墙和山墙	女儿墙和山墙检验批	m 或面	
	4 水落口	水落口检验批	处	
	5 变形缝	变形缝检验批	m 或条	
	6 伸出屋面管道	伸出屋面管道检验批	处	
	7 屋面出入口	屋面出入口检验批	处	
	8 反梁过水孔	反梁过水孔检验批	处	
	9 设施基座	设施基座检验批	处	
	10 屋脊	屋脊检验批	m	
	11 屋顶窗	屋顶窗检验批	处	

续表

子分部名称	分项工程名称	检验批名称	检验批容量单位	说明
	五、给水排水及供暖			
1 室内 给水 系统	1 给水管道及配件安装	给水管道及配件安装检验批	m 或系统、支管数量	如果按给水干管（立管）划分检验批，检验批部位为干管编号，检验批容量可不填写或填写给水支管数量
	2 给水设备安装	给水设备安装检验批	台、座	给水设备数量
	3 室内消火栓系统安装	室内消火栓系统安装检验批	套	消火栓套数
	4 消防喷淋系统安装	消防喷淋系统安装检验批	个	喷头数量
	5 防腐	给水管道及配件安装检验批	m 或系统	防腐管道长度或系统编号
	6 绝热	给水管道及配件安装检验批	m 或系统	
		给水设备安装检验批	台、座	
	7 管道冲洗、消毒	给水管道及配件安装检验批	m 或系统	
	8 试验与调试	给水管道及配件安装检验批	系统	
		给水设备安装检验批	系统	
		室内消火栓系统安装检验批	套	
2 室内 排水 系统	1 排水管道及配件安装	排水管道及配件安装检验批	m 或根或系统	排水立管、横支管数量
	2 雨水管道及配件安装	雨水管道及配件安装检验批	m 或根或系统	雨水管道数量
	3 防腐	室内排水系统防腐检验批	m 或系统	
	4 试验与调试	排水管道及配件安装检验批	m 或系统	
		雨水管道及配件安装检验批	根或系统	
3 室内 热水 系统	1 管道及配件安装	室内热水系统管道及配件安装检验批	m 或系统	
	2 辅助设备安装	室内热水系统辅助设备安装检验批	台、座	
	3 防腐	室内热水系统防腐检验批	m 或系统	
	4 绝热	管道及配件安装检验批	m 或系统	
	5 试验与调试	室内热水系统管道及配件安装检验批	m 或系统	
		室内热水系统辅助设备安装检验批	系统	
4 卫生 器具	1 卫生器具安装	卫生器具安装检验批	件	
	2 卫生器具给水配件安装	卫生器具给水配件安装检验批	套	
	3 卫生器具排水管道安装	卫生器具排水管道安装检验批	套	
	4 试验与调试	卫生器具安装检验批	系统	

子分部名称	分项工程名称	检验批名称	检验批容量单位	说明
5 室内供暖系统	1 管道及配件安装	室内供暖系统管道及配件安装检验批	m 或系统	
	2 辅助设备安装	室内供暖系统辅助设备安装检验批	台、座	
	3 散热器安装	室内供暖系统散热器安装检验批	组	
	4 低温热水地板辐射供暖系统安装	室内供暖系统低温热水地板辐射供暖系统安装检验批	组	
	5 电加热供暖系统安装	电加热供暖系统安装检验批	组	
	6 燃气红外辐射供暖系统安装	燃气红外辐射供暖系统安装检验批	组	
	7 热风供暖系统安装	热风供暖系统安装检验批	组	
	8 热计量及调控装置安装	热计量及调控装置安装检验批	组	
	9 试验与调试	室内供暖系统试验与调试检验批	m 或系统	
	10 防腐	室内供暖系统防腐检验批	m 或系统	
	11 绝热	室内供暖系统绝热检验批	m 或系统	
6 室外给水管网	1 给水管道安装	室外给水管网给水管道安装检验批	m 或系统	
	2 室外消火栓系统安装	室外消火栓系统安装检验批	套	
	3 试验与调试	室外给水管网给水管道安装检验批	m 或系统	
		室外消火栓系统安装检验批	套或系统	
7 室外排水管网	1 排水管道安装	室外排水管网排水管道安装检验批	m 或根或系统	长度或排水管根数（节数）
	2 排水管沟与井池	室外排水管网排水管沟与井池检验批	管沟：m 井池：座	
	3 试验与调试	室外排水管网排水管道安装检验批	m 或系统	
		室外排水管网排水管沟与井池检验批	m 或系统	

子分部名称	分项工程名称	检验批名称	检验批容量单位	说明
8 室外供热管网	1 管道及配件安装	室外供热管网管道及配件安装检验批	m或系统	
	2 系统水压试验	室外供热管网系统水压试验检验批	系统	
	3 土建结构	室外供热管网管道及配件安装检验批	m	
	4 防腐	室外供热管网管道及配件安装检验批	m或系统	
	5 绝热	室外供热管网系统水压试验及调试检验批	m或系统	
	6 试验与调试	室外供热管网系统水压试验及调试检验批	m或系统	
9 建筑饮用水供应系统	1 管道及配件安装	建筑饮用水供应系统管道及配件安装检验批	m或系统	
	2 水处理设备及控制设施安装	建筑饮用水供应系统水处理设备及控制设施安装检验批	组	
	3 防腐	建筑饮用水供应系统防腐检验批	m或系统	
	4 绝热	建筑饮用水供应系统绝热检验批	m或系统	
	5 试验与调试	建筑饮用水供应系统试验与调试检验批	m或系统	
10 建筑中水系统及雨水利用系统	1 建筑中水系统	建筑中水系统检验批	m或系统	
	2 雨水利用系统管道及配件安装	雨水利用系统管道及配件安装检验批	m或系统	
	3 水处理设备及控制设施安装	建筑中水系统及雨水利用系统水处理设备及控制设施安装检验批	组	
	4 防腐	建筑中水系统及雨水利用系统防腐检验批	m或系统	
	5 绝热	建筑中水系统及雨水利用系统绝热检验批	m或系统	
	6 试验与调试	建筑中水系统及雨水利用系统试验与调试检验批	m或系统	

续表

子分部名称	分项工程名称	检验批名称	检验批容量单位	说明
11 游泳池及公共浴池水系统	1 管道及配件系统安装	游泳池及公共浴池水系统管道及配件系统安装检验批	m 或系统	
	2 水处理设备及控制设施安装	游泳池及公共浴池水系统水处理设备及控制设施安装检验批	组	
	3 防腐	游泳池及公共浴池水系统防腐检验批	m 或系统	
	4 绝热	游泳池及公共浴池水系统绝热检验批	m 或系统	
	5 试验与调试	游泳池及公共浴池水系统试验与调试检验批	m 或系统	
12 水景喷泉系统	1 管道系统及配件安装	水景喷泉系统管道系统及配件安装检验批	组	
	2 防腐	水景喷泉系统防腐检验批	m 或系统	
	3 绝热	水景喷泉系统绝热检验批	m 或系统	
	4 试验与调试	水景喷泉系统试验与调试检验批	组	
13 热源及辅助设备	1 锅炉安装	锅炉安装检验批	台	
	2 辅助设备及管道安装	辅助设备及管道安装检验批	套	附属设备类型很多不必一一列出，综合性填写1套或锅炉编号
	3 安全附件安装	安全附件安装检验批	套	
	4 换热站安装	换热站安装检验批	套	
	5 防腐	辅助设备及管道安装检验批	辅助设备：台 管道：m	
	6 绝热	热源及辅助设备绝热检验批	辅助设备：台 管道：m	
	7 试验与调试	热源及辅助设备试验与调试检验批	台	写1台锅炉或锅炉编号
14 监测与控制仪表	1 检测仪器及仪表安装	检测仪器及仪表安装检验批	台	
	2 试验与调试	监测与控制仪表试验与调试检验批	台	

续表

子分部名称	分项工程名称	检验批名称	检验批容量单位	说明
		六、通风与空调		
1 送风系统	1 风管与配件制作	风管与配件产成品检验批（金属风管）	件	
		风管与配件产成品检验批（非金属风管）	件	
		风管与配件产成品检验批（复合材料风管）	件	
	2 部件制作	风管部件与消声器产成品检验批	种	部件种类较多，每种部件的个数不方便全部写到检验批容量，故检验批容量写部件种类，部件数量可写到原始记录
	3 风管系统安装	风管系统安装检验批（送风系统）	m或件或系统	风管长度或件数，也可填写系统编号
	4 风机与空气处理设备安装	风机与空气处理设备安装检验批（通风系统）	台	
	5 风管与设备防腐	防腐与绝热施工检验批（风管系统与设备）	设备：台管道：m	
	6 旋流风口、岗位送风口、织物（布）风管安装	旋流风口、岗位送风口、织物（布）风管安装检验批	件	
	7 系统调试	工程系统调试检验批（单机试运行及调试）	系统	系统编号
		工程系统调试检验批（非设计满负荷条件下系统联合试运转及调试）	系统	
2 排风系统	1 风管与配件制作	风管与配件产成品检验批（金属风管）	件	
		风管与配件产成品检验批（非金属风管）	件	
		风管与配件产成品检验批（复合材料风管）	件	
	2 部件制作	风管部件与消声器产成品检验批	种或件	部件种类或部件总件数。每种部件的数量可写到原始记录
	3 风管系统安装	风管系统安装检验批（排风系统）	m或件或系统	风管长度或件数，也可填写系统编号

续表

子分部名称	分项工程名称	检验批名称	检验批容量单位	说明
2 排风系统	4 风机与空气处理设备安装	风机与空气处理设备安装检验批（通风系统）	台	
	5 风管与设备防腐	防腐与绝热施工检验批（风管系统与设备）	设备：台 管道：m	
	6 吸风罩及其他空气处理设备安装	吸风罩及其他空气处理设备安装检验批	件	
	7 厨房、卫生间排风系统安装	厨房、卫生间排风系统安装检验批	间或节、根	
	8 系统调试	工程系统调试检验批（单机试运行及调试）	系统	系统编号
		工程系统调试检验批（非设计满负荷条件下系统联合试运转及调试）	系统	
3 防排烟系统	1 风管与配件制作	风管与配件产成品检验批（金属风管）	件	
		风管与配件产成品检验批（非金属风管）	件	
		风管与配件产成品检验批（复合材料风管）	件	
	2 部件制作	风管部件与消声器产成品检验批	种	部件种类较多，每种部件的个数不方便全部写到检验批容量，故检验批容量写部件种类，部件数量可写到原始记录
	3 风管系统安装	风管系统安装检验批（防、排烟系统）	m 或件或系统	风管长度或件数，也可填写系统编号
	4 风机与空气处理设备安装	风机与空气处理设备安装检验批（通风系统）	台	
	5 风管与设备防腐	防腐与绝热施工检验批（风管系统与设备）	设备：台 管道：m	
	6 排烟风阀（口）、常闭正压风口、防火风管安装	排烟风阀（口）、常闭正压风口、防火风管安装检验批	件	
	7 系统调试	工程系统调试检验批（单机试运行及调试）	系统	系统编号
		工程系统调试检验批（非设计满负荷条件下系统联合试运转及调试）	系统	

续表

子分部名称	分项工程名称	检验批名称	检验批容量单位	说明
4 除尘系统	1 风管与配件制作	风管与配件产成品检验批（金属风管）	件	
		风管与配件产成品检验批（非金属风管）	件	
	2 部件制作	风管部件与消声器产成品检验批	种	部件种类较多，每种部件的个数不方便全部写到检验批容量，故检验批容量写部件种类，部件数量可写到原始记录
	3 风管系统安装	风管系统安装检验批（除尘系统）	m或件或系统	风管长度或件数，也可填写系统编号
	4 风机与空气处理设备安装	风机与空气处理设备安装检验批（通风系统）	台	
	5 风管与设备防腐	防腐与绝热施工检验批（风管系统与设备）	设备：台 管道：m	
	6 除尘器与排污设备安装	除尘器与排污设备安装检验批	台	
	7 吸尘罩安装	吸尘罩安装检验批	件	
	8 高温风管绝热	高温风管绝热检验批	设备：台 管道：m	
	9 系统调试	工程系统调试检验批（单机试运行及调试）	系统	系统编号
		工程系统调试检验批（非设计满负荷条件下系统联合试运转及调试）	系统	
5 舒适性空调风系统	1 风管与配件制作	风管与配件产成品检验批（金属风管）	件	
		风管与配件产成品检验批（非金属风管）	件	
		风管与配件产成品检验批（复合材料风管）	件	
	2 部件制作	风管部件与消声器产成品检验批	种	部件种类较多，每种部件的个数不方便全部写到检验批容量，故检验批容量写部件种类，部件数量可写到原始记录
	3 风管系统安装	风管系统安装检验批（舒适性空调风系统）	m或件或系统	风管长度或件数，也可填写系统编号

续表

子分部名称	分项工程名称	检验批名称	检验批容量单位	说明
5 舒适性空调风系统	4 风机与组合式空调机组安装	风机与空气处理设备安装检验批（舒适空调系统）	台	
	5 消声器、静电除尘器、换热器、紫外线灭菌器等设备安装	消声器、静电除尘器、换热器、紫外线灭菌器等设备安装检验批	台	
	6 风机盘管、变风量与定风量送风装置、射流喷口等末端设备安装	风机盘管、变风量与定风量送风装置、射流喷口等末端设备安装检验批	台	
	7 风管与设备绝热	防腐与绝热施工检验批（风管系统与设备）	设备：台 管道：m	
	8 系统调试	工程系统调试检验批（单机试运行及调试）	系统	系统编号
		工程系统调试检验批（非设计满负荷条件下系统联合试运转及调试）	系统	
6 恒温恒湿空调风系统	1 风管与配件制作	风管与配件产成品检验批（金属风管）	件	
		风管与配件产成品检验批（非金属风管）	件	
		风管与配件产成品检验批（复合材料风管）	件	
	2 部件制作	风管部件与消声器产成品检验批	种	部件种类较多，每种部件的个数不方便全部写到检验批容量，故检验批容量写部件种类，部件数量可写到原始记录
	3 风管系统安装	风管系统安装检验批（恒温恒湿空调风系统）	m 或件或系统	风管长度或件数，也可填写系统编号
	4 风机与组合式空调机组安装	风机与空气处理设备安装检验批（恒温恒湿空调系统）	台	
	5 电加热器、加湿器等设备安装	电加热器、加湿器等设备安装检验批	台	
	6 精密空调机组安装	精密空调机组安装检验批	台	
	7 风管与设备绝热	防腐与绝热施工检验批（风管系统与设备）	设备：台 管道：m	
	8 系统调试	工程系统调试检验批（单机试运行及调试）	系统	系统编号
		工程系统调试检验批（非设计满负荷条件下系统联合试运转及调试）	系统	

续表

子分部名称	分项工程名称	检验批名称	检验批容量单位	说明
7 净化空调风系统	1 风管与配件制作	风管与配件产成品检验批（金属风管）	件	
		风管与配件产成品检验批（非金属风管）	件	
		风管与配件产成品检验批（复合材料风管）	件	
	2 部件制作	风管部件与消声器产成品检验批	种	部件种类较多，每种部件的个数不方便全部写到检验批容量，故检验批容量写部件种类，部件数量可写到原始记录
	3 风管系统安装	风管系统安装检验批（净化空调风系统）	m 或件或系统	风管长度或件数，也可填写系统编号
	4 风机与净化空调机组安装	风机与空气处理设备安装检验批（洁净室空调系统）	台	
	5 消声器、换热器等设备安装	消声器、换热器等设备安装检验批	台	
	6 中、高效过滤器及风机过滤器机组等末端设备安装	中、高效过滤器及风机过滤器机组等末端设备安装检验批	台	
	7 风管与设备绝热	防腐与绝热施工检验批（风管系统与设备）	设备：台管道：m	
	8 洁净度测试	洁净度测试检验批	间或 m²	
	9 系统调试	工程系统调试检验批（单机试运行及调试）	系统	系统编号
		工程系统调试检验批（非设计满负荷条件下系统联合试运转及调试）	系统	
8 地下人防通风系统	1 风管与配件制作	风管与配件产成品检验批（金属风管）	件	
		风管与配件产成品检验批（非金属风管）	件	
		风管与配件产成品检验批（复合材料风管）	件	
	2 部件制作	风管部件与消声器产成品检验批	种	部件种类较多，每种部件的个数不方便全部写到检验批容量，故检验批容量写部件种类，部件数量可写到原始记录

续表

子分部名称	分项工程名称	检验批名称	检验批容量单位	说明
8 地下人防通风系统	3 风管系统安装	风管系统安装检验批（地下人防系统）	m 或件或系统	风管长度或件数，也可填写系统编号
	4 风机与空气处理设备安装	风机与空气处理设备安装检验批（通风系统）	台	
	5 过滤吸收器、防爆波活门、防爆超压排气活门等专用设备安装	过滤吸收器、防爆波活门、防爆超压排气活门等专用设备安装检验批	件	
	6 风管与设备防腐	防腐与绝热施工检验批（风管系统与设备）	设备：台管道：m	
	7 系统调试	工程系统调试检验批（单机试运行及调试）	系统	系统编号
		工程系统调试检验批（非设计满负荷条件下系统联合试运转及调试）	系统	
9 真空吸尘系统	1 风管与配件制作	风管与配件产成品检验批（金属风管）	件	
		风管与配件产成品检验批（非金属风管）	件	
		风管与配件产成品检验批（复合材料风管）	件	
	2 部件制作	风管部件与消声器产成品检验批	种	部件种类较多，每种部件的个数不方便全部写到检验批容量，故检验批容量写部件种类，部件数量可写到原始记录
	3 风管系统安装	风管系统安装检验批（真空吸尘系统）	m 或件或系统	风管长度或件数，也可填写系统编号
	4 管道快速接口安装	管道快速接口安装检验批	件	
	5 风机与滤尘设备安装	风机与滤尘设备安装检验批	台	
	6 风管与设备防腐	防腐与绝热施工检验批（风管系统与设备）	设备：台管道：m	
	7 系统调试	工程系统调试检验批（单机试运行及调试）	系统	系统编号
		工程系统调试检验批（非设计满负荷条件下系统联合试运转及调试）	系统	

续表

子分部名称	分项工程名称	检验批名称	检验批容量单位	说明
10 空调（冷、热）水系统	1 管道系统及部件安装	空调冷热（冷却）水系统安装检验批（金属管道）	m或系统	
		空调换热器（凝结）水系统安装检验批（塑料管道）	m或系统	
	2 水泵及附属设备安装	空调水系统安装检验批（水泵及附属设备）	台	
	3 管道冲洗与管内防腐	管道冲洗与管内防腐检验批	设备：台 管道：m	
	4 板式热交换器	板式热交换器检验批	组	
	5 辐射板及辐射供热、供冷地埋管安装	辐射板及辐射供热、供冷地埋管安装检验批	辐射板：组 管道：m	
	6 热泵机组安装	热泵机组安装检验批	组	
	7 管道、设备防腐与绝热	防腐与绝热施工检验批（管道系统与设备）	设备：台 管道：m	
	8 系统压力试验与调试	工程系统调试检验批（单机试运行及调试）	系统	系统编号
		工程系统调试检验批（非设计满负荷条件下系统联合试运转及调试）	系统	
11 冷却水系统	1 管道系统及部件安装	空调冷热（冷却）水系统安装检验批（金属管道）	m或系统	
		空调换热器（凝结）水系统安装检验批（塑料管道）	m或系统	
	2 水泵及附属设备安装	空调水系统安装检验批（水泵及附属设备）	台	
	3 管道冲洗与管内防腐	管道冲洗与管内防腐检验批	设备：台 管道：m	
	4 冷却塔与水处理设备安装	冷却塔与水处理设备安装检验批	台	
	5 防冻伴热设备安装	防冻伴热设备安装检验批	台	
	6 管道、设备防腐与绝热	防腐与绝热施工检验批（管道系统与设备）	设备：台 管道：m	
	7 系统压力试验与调试	工程系统调试检验批（单机试运行及调试）	系统	系统编号
		工程系统调试检验批（非设计满负荷条件下系统联合试运转及调试）	系统	

续表

子分部名称	分项工程名称	检验批名称	检验批容量单位	说明
12 冷凝水系统	1 管道系统及部件安装	空调冷热（冷却）水系统安装检验批（金属管道）	m 或系统	
		空调换热器（凝结）水系统安装检验批（塑料管道）	m 或系统	
	2 水泵及附属设备安装	空调水系统安装检验批（水泵及附属设备）	台	
	3 管道、设备防腐与绝热	防腐与绝热施工检验批（管道系统与设备）	设备：台 管道：m	
	4 管道冲洗	管道冲洗检验批	系统	系统编号
	5 系统灌水渗漏及排放试验	系统灌水渗漏及排放试验检验批	系统	系统编号
13 土壤源热泵换热系统	1 管道系统及部件安装	空调冷热（冷却）水系统安装检验批（金属管道）	系统	
		空调换热器（凝结）水系统安装检验批（塑料管道）	系统	
	2 水泵及附属设备安装	空调水系统安装检验批（水泵及附属设备）	台	
	3 管道冲洗	管道冲洗检验批	系统	系统编号
	4 埋地换热系统与管网安装	埋地换热系统与管网安装检验批	m 或系统	
	5 管道、设备防腐与绝热	防腐与绝热施工检验批（管道系统与设备）	设备：台 管道：m	
	6 系统压力试验与调试	工程系统调试检验批（单机试运行及调试）	系统	系统编号
		工程系统调试检验批（非设计满负荷条件下系统联合试运转及调试）	系统	系统编号
14 水源热泵换热系统	1 管道系统及部件安装	空调冷热（冷却）水系统安装检验批（金属管道）	系统	
		空调换热器（凝结）水系统安装检验批（塑料管道）	系统	
	2 水泵及附属设备安装	空调水系统安装检验批（水泵及附属设备）	台	
	3 管道冲洗	管道冲洗检验批	系统	
	4 地表水源换热管及管网安装	地表水源换热管及管网安装检验批	m 或系统	

续表

子分部名称	分项工程名称	检验批名称	检验批容量单位	说明
14 水源热泵换热系统	5 除垢设备安装	除垢设备安装检验批	台	
	6 管道、设备防腐与绝热	防腐与绝热施工检验批（管道系统与设备）	设备：台 管道：m	
	7 系统压力试验与调试	工程系统调试检验批（单机试运行及调试）	系统	系统编号
		工程系统调试检验批（非设计满负荷条件下系统联合试运转及调试）	系统	
15 蓄能（水、冰）系统	1 管道系统及部件安装	空调冷热（冷却）水系统安装检验批（金属管道）	系统	
		空调换热器（凝结）水系统安装检验批（塑料管道）	系统	
	2 水泵及附属设备安装	空调水系统安装检验批（水泵及附属设备）	台	
	3 管道冲洗与管内防腐	管道冲洗与管内防腐检验批	系统	
	4 蓄水罐与蓄冰槽、罐安装	蓄水罐与蓄冰槽、罐安装检验批	组	
	5 管道、设备防腐与绝热	防腐与绝热施工检验批（管道系统与设备）	设备：台 管道：m	
	6 系统压力试验与调试	工程系统调试检验批（单机试运行及调试）	系统	系统编号
		工程系统调试检验批（非设计满负荷条件下系统联合试运转及调试）	系统	系统编号
16 压缩式制冷（热）设备系统	1 制冷机组及附属设备安装	空调制冷机组及系统安装检验批（制冷机组及辅助设备）	m 或系统	
	2 制冷剂管道及部件安装	空调制冷机组及系统安装检验批（制冷剂管道系统）	m 或系统	
	3 制冷剂灌注	制冷剂灌注检验批	台	灌注制冷剂的设备台数
	4 管道、设备防腐与绝热	防腐与绝热施工检验批（管道系统与设备）	设备：台 管道：m	
	5 系统压力试验与调试	工程系统调试检验批（单机试运行及调试）	系统	系统编号
		工程系统调试检验批（非设计满负荷条件下系统联合试运转及调试）	系统	系统编号

子分部名称	分项工程名称	检验批名称	检验批容量单位	说明
17 吸收式制冷设备系统	1 制冷机组及附属设备安装	空调制冷机组及系统安装检验批（制冷机组及辅助设备）	台	
	2 系统真空试验	系统真空试验检验批	系统	
	3 溴化锂溶液加灌	溴化锂溶液加灌检验批	台	
	4 蒸汽管道系统安装	蒸汽管道系统安装检验批	m 或系统	
	5 燃气或燃油设备安装	燃气或燃油设备安装检验批	台	
	6 管道、设备防腐与绝热	防腐与绝热施工检验批（管道系统与设备）	设备：台 管道：m	
	7 系统压力试验与调试	工程系统调试检验批（单机试运行及调试）	系统	系统编号
		工程系统调试检验批（非设计满负荷条件下系统联合试运转及调试）	系统	系统编号
18 多联机（热泵）空调系统	1 室外机组安装	室外机组安装检验批	台	
	2 室内机组安装	室内机组安装检验批	台	
	3 制冷剂管路连接及控制开关安装	制冷剂管路连接及控制开关安装检验批	台	
	4 风管安装	风机与空气处理设备安装检验批（恒温恒湿空调系统）	m 或系统	
	5 冷凝水管道安装	空调冷热（冷却）水系统安装检验批（金属管道）	m 或系统	
		空调换热器（凝结）水系统安装检验批（塑料管道）	m 或系统	
	6 制冷剂灌注	制冷剂灌注检验批	台	
	7 系统压力试验与调试	工程系统调试检验批（单机试运行及调试）	系统	系统编号
		工程系统调试检验批（非设计满负荷条件下系统联合试运转及调试）	系统	系统编号
19 太阳能供暖空调系统	1 太阳能集热器安装	太阳能集热器安装检验批	组	
	2 其他辅助能源、换热设备安装	其他辅助能源、换热设备安装检验批	组	
	3 蓄能水箱、管道及配件安装	蓄能水箱、管道及配件安装检验批	设备：台 管道：m 或系统	

子分部名称	分项工程名称	检验批名称	检验批容量单位	说明
19 太阳能供暖空调系统	4 低温热水地板辐射采暖系统安装	低温热水地板辐射采暖系统安装检验批	组	每间为一组
	5 管道及设备防腐与绝热	防腐与绝热施工检验批（管道系统与设备）	设备：台 管道：m 或系统	
	6 系统压力试验与调试	工程系统调试检验批（单机试运行及调试）	系统	系统编号
		工程系统调试检验批（非设计满负荷条件下系统联合试运转及调试）	系统	系统编号
20 设备自控系统	1 温度、压力与流量传感器安装	温度、压力与流量传感器安装检验批	件	
	2 执行机构安装调试	执行机构安装调试检验批	系统	系统编号
	3 防排烟系统功能测试	防排烟系统功能测试检验批	系统	系统编号
	4 自动控制及系统智能控制软件调试	自动控制及系统智能控制软件调试检验批	系统	系统编号
七、建筑电气				
1 室外电气安装工程	1 变压器、箱式变电所安装	变压器、箱式变电所安装检验批	套	每台变压器可划为一个检验批
	2 成套配电柜、控制柜（台、箱）和配电箱（盘）安装	成套配电柜、控制柜（台、箱）和配电箱（盘）安装检验批	套	
	3 梯架、托盘和槽盒安装	梯架、托盘和槽盒安装检验批	m 或回路	长度或回路编号
	4 导管敷设	导管敷设检验批	m 或回路	长度或回路编号
	5 电缆敷设	电缆敷设检验批	m 或回路	长度或回路编号
	6 管内穿线和槽盒内敷线	管内穿线和槽盒内敷线检验批	m 或回路	长度或回路编号
	7 电缆头制作、导线连接和线路绝缘测试	电缆头制作、导线连接和线路绝缘测试检验批	回路	回路编号
	8 普通灯具安装	普通灯具安装检验批	套	灯具的套数
	9 专用灯具安装	专用灯具安装检验批	套	灯具的套数
	10 建筑物照明通电试运行	建筑物照明通电试运行检验批	回路	回路编号
	11 接地装置安装	接地装置安装检验批	处	接地模块、接地极的数量

续表

子分部名称	分项工程名称	检验批名称	检验批容量单位	说明
2 变配电室安装工程	1 变压器、箱式变电所安装	变压器、箱式变电所安装检验批	套	每台变压器可划为一个检验批
	2 成套配电柜、控制柜（台、箱）和配电箱（盘）安装	成套配电柜、控制柜（台、箱）和配电箱（盘）安装检验批	套	
	3 母线槽安装	母线槽安装检验批	m 或回路	长度或回路编号
	4 梯架、托盘和槽盒安装	梯架、托盘和槽盒安装检验批	m 或回路	长度或回路编号
	5 电缆敷设	电缆敷设检验批	m 或回路	长度或回路编号
	6 电缆头制作、导线连接和线路绝缘测试	电缆头制作、导线连接和线路绝缘测试检验批	回路	回路编号
	7 接地装置安装	接地装置安装检验批	处	接地模块、接地极的数量
	8 接地干线敷设	变配电室及电气竖井内接地干线敷设检验批	m	
3 供电干线安装工程	1 电气设备试验和试运行	电气设备试验和试运行检验批	回路	回路编号
	2 母线槽安装	母线槽安装检验批	m 或回路	长度或回路编号
	3 梯架、托盘和槽盒安装	梯架、托盘和槽盒安装检验批	m 或回路	长度或回路编号
	4 导管敷设	导管敷设检验批	m 或回路	长度或回路编号
	5 电缆敷设	电缆敷设检验批	m 或回路	长度或回路编号
	6 管内穿线和槽盒内敷线	管内穿线和槽盒内敷线检验批	m 或回路	长度或回路编号
	7 电缆头制作、导线连接和线路绝缘测试	电缆头制作、导线连接和线路绝缘测试检验批	回路	回路编号
	8 接地干线敷设	变配电室及电气竖井内接地干线敷设检验批	m	
4 电气动力安装工程	1 成套配电柜、控制柜（台、箱）和配电箱（盘）安装	成套配电柜、控制柜（台、箱）和配电箱（盘）安装检验批	套	每台变压器可划为一个检验批
	2 电动机、电加热器及电动执行机构检查接线	电动机、电加热器及电动执行机构检查接线检验批	套	
	3 电气设备试验和试运行	电气设备试验和试运行检验批	回路	回路编号
	4 母线槽安装	母线槽安装检验批	m 或回路	长度或回路编号
	5 梯架、托盘和槽盒安装	梯架、托盘和槽盒安装检验批	m 或回路	长度或回路编号
	6 导管敷设	导管敷设检验批	m 或回路	长度或回路编号
	7 电缆敷设	电缆敷设检验批	m 或回路	长度或回路编号
	8 管内穿线和槽盒内敷线	管内穿线和槽盒内敷线检验批	m 或回路	长度或回路编号
	9 电缆头制作、导线连接和线路绝缘测试	电缆头制作、导线连接和线路绝缘测试检验批	回路	回路编号
	10 开关、插座、风扇安装	开关、插座、风扇安装检验批	套	照明器具的套数

子分部名称	分项工程名称	检验批名称	检验批容量单位	说明
5 电气照明安装工程	1 成套配电柜、控制柜（台、箱）和配电箱（盘）安装	成套配电柜、控制柜（台、箱）和配电箱（盘）安装检验批	套	每台变压器可划为一个检验批
	2 母线槽安装	母线槽安装检验批	m 或回路	长度或回路编号
	3 梯架、托盘和槽盒安装	梯架、托盘和槽盒安装检验批	m 或回路	长度或回路编号
	4 导管敷设	导管敷设检验批	m 或回路	长度或回路编号
	5 电缆敷设	电缆敷设检验批	m 或回路	长度或回路编号
	6 管内穿线和槽盒内敷线	管内穿线和槽盒内敷线检验批	m 或回路	长度或回路编号
	7 塑料护套线直敷布线	塑料护套线直敷布线检验批	m 或回路	长度或回路编号
	8 钢索配线	钢索配线检验批	m 或回路	长度或回路编号
	9 电缆头制作、导线连接和线路绝缘测试	电缆头制作、导线连接和线路绝缘测试检验批	回路	回路编号
	10 普通灯具安装	普通灯具安装检验批	套	灯具的套数
	11 专用灯具安装	专用灯具安装检验批	套	灯具的套数
	12 开关、插座、风扇安装	开关、插座、风扇安装检验批	套	灯具的套数
	13 建筑物照明通电试运行	建筑物照明通电试运行检验批	回路	回路编号
6 自备电源安装工程	1 成套配电柜、控制柜（台、箱）和配电箱（盘）安装	成套配电柜、控制柜（台、箱）和配电箱（盘）安装检验批	套	每台变压器可划为一个检验批
	2 柴油发电机组安装	柴油发电机组安装检验批	套	
	3 UPS 及 EPS 安装	UPS 及 EPS 安装检验批	套	
	4 母线槽安装	母线槽安装检验批	m 或回路	长度或回路编号
	5 梯架、托盘和槽盒安装	梯架、托盘和槽盒安装检验批	m 或回路	长度或回路编号
	6 导管敷设	导管敷设检验批	m 或回路	长度或回路编号
	7 电缆敷设	电缆敷设检验批	m 或回路	长度或回路编号
	8 管内穿线和槽盒内敷线	管内穿线和槽盒内敷线检验批	m 或回路	长度或回路编号
	9 电缆头制作、导线连接和线路绝缘测试	电缆头制作、导线连接和线路绝缘测试检验批	回路	回路编号
	10 接地装置安装	接地装置安装检验批	处	接地模块、接地极的数量
7 防雷及接地装置安装工程	1 接地装置安装	接地装置安装检验批	处	接地模块、接地极的数量
	2 防雷引下线及接闪器安装	防雷引下线及接闪器安装检验批	避雷带（引下线）：m	
	3 建筑物等电位联结	建筑物等电位联结检验批	处	

续表

子分部名称	分项工程名称	检验批名称	检验批容量单位	说明
八、智能建筑				
1 智能化集成系统	1 设备安装	设备安装检验批	套	
	2 软件安装	软件安装检验批	套	
	3 接口及系统调试	智能化集成系统接口及系统调试检验批	个	接口或被集成系统的数量
	4 试运行	系统试运行检验批	系统	系统编号
2 信息接入系统	1 安装场地检查	安装场地检查检验批	m² 或处	机房的面积
3 用户电话交换系统	1 线缆敷设	线缆敷设检验批	m 或回路	
	2 设备安装	用户电话交换系统设备安装检验批	口	交换机端口数
	3 软件安装	软件安装检验批	套	
	4 接口及系统调试	用户电话交换系统接口及系统调试检验批	口	交换机端口数
	5 试运行	系统试运行检验批	系统	系统编号
4 信息网络系统	1 计算机网络设备安装	设备安装检验批	套	
	2 计算机网络软件安装	软件安装检验批	套	
	3 网络安全设备安装	设备安装检验批	套	
	4 网络安全软件安装	软件安装检验批	台或系统	安装安全软件的设备数量
	5 系统调试	信息网络系统调试检验批	台或系统	接入系统的终端设备台数或系统编号
	6 试运行	系统试运行检验批	系统	系统编号
5 综合布线系统	1 梯架、托盘、槽盒和导管安装	梯架、托盘、槽盒和导管安装检验批	m 或回路	
	2 线缆敷设	线缆敷设检验批	m 或回路	
	3 机柜、机架、配线架安装	机柜、机架、配线架安装检验批	m 或回路	
	4 信息插座安装	信息插座安装检验批	个	信息插座的数量
	5 链路或信道测试	链路或信道测试检验批	系统	系统编号
	6 软件安装	软件安装检验批	套	
	7 系统调试	综合布线系统调试检验批	系统	系统编号
	8 试运行	系统试运行检验批	系统	系统编号
6 移动通信室内信号覆盖系统	1 安装场地检查	安装场地检查检验批	m² 或处	

续表

子分部名称	分项工程名称	检验批名称	检验批容量单位	说明
7 卫星通信系统	1 安装场地检查	安装场地检查检验批	m² 或处	
8 有线电视及卫星电视接收系统	1 梯架、托盘、槽盒和导管安装	梯架、托盘、槽盒和导管安装检验批	m 或回路	长度或回路编号
	2 线缆敷设	线缆敷设检验批	m 或回路	长度或回路编号
	3 设备安装	有线电视及卫星电视接收系统设备安装检验批	套	
	4 软件安装	软件安装检验批	套	
	5 系统调试	有线电视及卫星电视接收系统调试检验批	系统	系统编号
	6 试运行	系统试运行检验批	系统	系统编号
9 公共广播系统	1 梯架、托盘、槽盒和导管安装	梯架、托盘、槽盒和导管安装检验批	m 或回路	长度或回路编号
	2 线缆敷设	线缆敷设检验批	m 或回路	长度或回路编号
	3 设备安装	公共广播系统设备安装检验批	套	
	4 软件安装	软件安装检验批	套	
	5 系统调试	公共广播系统调试检验批	系统	系统编号
	6 试运行	系统试运行检验批	系统	系统编号
10 会议系统	1 梯架、托盘、槽盒和导管安装	梯架、托盘、槽盒和导管安装检验批	m 或回路	长度或回路编号
	2 线缆敷设	线缆敷设检验批	m 或回路	长度或回路编号
	3 设备安装	会议系统设备安装检验批	套	
	4 软件安装	软件安装检验批	套	
	5 系统调试	会议系统调试检验批	系统	系统编号
	6 试运行	系统试运行检验批	系统	系统编号
11 信息导引及发布系统	1 梯架、托盘、槽盒和导管安装	梯架、托盘、槽盒和导管安装检验批	m 或回路	长度或回路编号
	2 线缆敷设	线缆敷设检验批	m 或回路	长度或回路编号
	3 显示设备安装	信息导引及发布系统显示设备安装检验批	套	
	4 机房设备安装	设备安装检验批	套	
	5 软件安装	软件安装检验批	套	
	6 系统调试	信息导引及发布系统调试检验批	系统	系统编号
	7 试运行	系统试运行检验批	系统	系统编号

子分部名称	分项工程名称	检验批名称	检验批容量单位	说明
12 时钟系统	1 梯架、托盘、槽盒和导管安装	梯架、托盘、槽盒和导管安装检验批	m 或回路	长度或回路编号
	2 线缆敷设	线缆敷设检验批	m 或回路	长度或回路编号
	3 设备安装	时钟系统设备安装检验批	套	
	4 软件安装	软件安装检验批	套	
	5 系统调试	时钟系统调试检验批	系统	系统编号
	6 试运行	系统试运行检验批	系统	系统编号
13 信息化应用系统	1 梯架、托盘、槽盒和导管安装	梯架、托盘、槽盒和导管安装检验批	m 或回路	长度或回路编号
	2 线缆敷设	线缆敷设检验批	m 或回路	长度或回路编号
	3 设备安装	设备安装检验批	套	
	4 软件安装	软件安装检验批	套	
	5 系统调试	信息化应用系统调试检验批	系统	系统编号
	6 试运行	系统试运行检验批	系统	系统编号
14 建筑设备监控系统	1 梯架、托盘、槽盒和导管安装	梯架、托盘、槽盒和导管安装检验批	m 或回路	长度或回路编号
	2 线缆敷设	线缆敷设检验批	m 或回路	长度或回路编号
	3 传感器安装	建筑设备监控系统设备安装检验批	套	
	4 执行器安装	建筑设备监控系统设备安装检验批	套	
	5 控制器、箱安装	建筑设备监控系统设备安装检验批	套	
	6 中央管理工作站和操作分站设备安装	建筑设备监控系统设备安装检验批	套	
	7 软件安装	软件安装检验批	套	
	8 系统调试	建筑设备监控系统调试检验批	系统	系统编号
	9 试运行	系统试运行检验批	系统	系统编号
15 火灾自动报警系统	1 梯架、托盘、槽盒和导管安装	梯架、托盘、槽盒和导管安装检验批	m 或回路	长度或回路编号
	2 线缆敷设	线缆敷设检验批	m 或回路	长度或回路编号
	3 探测器类设备安装	火灾自动报警系统设备安装检验批	套	
	4 控制器类设备安装	火灾自动报警系统设备安装检验批	套	
	5 其他设备安装	火灾自动报警系统设备安装检验批	套	
	6 软件安装	软件安装检验批	套	
	7 系统调试	火灾自动报警系统调试检验批	系统	系统编号
	8 试运行	系统试运行检验批	系统	系统编号

续表

子分部名称	分项工程名称	检验批名称	检验批容量单位	说明
16 安全技术防范系统	1 梯架、托盘、槽盒和导管安装	梯架、托盘、槽盒和导管安装检验批	m 或回路	长度或回路编号
	2 线缆敷设	线缆敷设检验批	m 或回路	长度或回路编号
	3 设备安装	安全技术防范系统设备安装检验批	套	
	4 软件安装	软件安装检验批	套	
	5 系统调试	安全技术防范系统调试检验批	系统	系统编号
	6 试运行	系统试运行检验批	系统	系统编号
17 应急响应系统	1 设备安装	设备安装检验批	套	
	2 软件安装	软件安装检验批	套	
	3 系统调试	应急响应系统调试检验批	系统	系统编号
	4 试运行	系统试运行检验批	系统	系统编号
18 机房	1 供配电系统	机房供配电系统检验批	系统	系统编号
		机房设备安装检验批	套	
	2 防雷与接地系统	机房防雷与接地系统检验批	系统	系统编号
		机房设备安装检验批	套	
	3 空气调节系统	机房空气调节系统检验批	系统	系统编号
		机房设备安装检验批	套	
	4 给水排水系统	机房给水排水系统检验批	系统	系统编号
		机房设备安装检验批	套	
	5 综合布线系统	机房综合布线系统检验批	系统	系统编号
		机房设备安装检验批	套	
	6 监控与安全防范系统	机房监控与安全防范系统检验批	系统	系统编号
		机房设备安装检验批	套	
	7 消防系统	机房消防系统检验批	系统	系统编号
		机房设备安装检验批	套	
	8 室内装饰装修	机房室内装饰装修检验批	系统	系统编号
		机房设备安装检验批	套	
	9 电磁屏蔽	机房电磁屏蔽检验批	系统	系统编号
		机房设备安装检验批	套	
	10 系统调试	机房工程系统调试检验批	系统	系统编号
	11 试运行	系统试运行检验批	系统	系统编号
19 防雷与接地	1 接地装置	接地装置检验批	组	
	2 接地线	接地线检验批	系统	
	3 等电位连接	等电位联接检验批	处	
	4 屏蔽设施	屏蔽设施检验批	处	
	5 电涌保护器	电涌保护器检验批	处	
	6 线缆敷设	线缆敷设检验批	m 或回路	长度或回路编号
	7 系统调试	防雷与接地系统调试检验批	系统	系统编号
	8 试运行	系统试运行检验批	系统	系统编号

续表

子分部名称	分项工程名称	检验批名称	检验批容量单位	说明
九、建筑节能				
1 围护结构节能工程	1 墙体节能工程	墙体节能工程检验批	m²	
	2 幕墙节能工程	幕墙节能工程检验批	m²	
	3 门窗节能工程	门窗节能工程检验批	樘	
	4 屋面节能工程	屋面节能工程检验批	m²	
	5 地面节能工程	地面节能工程检验批	m²	
2 供暖空调节能工程	1 供暖节能工程	供暖节能检验批	组	散热器组数，低温热水地面辐射供暖组数（间数）
	2 通风与空调节能工程	通风与空调设备节能检验批	m	风管或冷热水管道的长度
	3 冷热源及管网节能工程	空调与供暖系统冷热源节能检验批	设备：组 管道：m	
3 配电照明节能工程	1 配电与照明节能工程	配电与照明节能检验批	套	灯具套数
4 监测控制节能工程	1 监测与控制节能工程	监测与控制系统节能检验批	系统	监测控制系统的数量
5 可再生能源节能工程	1 地源热泵换热系统节能工程	可再生能源地源热泵系统节能检验批	系统	
	2 太阳能光热系统节能工程	可再生能源太阳能光热系统节能检验批	套	
	3 太阳能光伏节能工程	可再生能源太阳能光伏节能检验批	套	
十、电梯				
1 电力驱动的曳引式或强制式电梯	1 设备进场验收	电梯安装设备进场验收检验批		
	2 土建交接检验	电梯安装土建交接检验检验批		
	3 驱动主机	电梯安装驱动主机检验批		
	4 导轨	电梯安装导轨检验批		
	5 门系统	电梯安装门系统检验批	层	
	6 轿厢	电梯安装轿厢检验批	部	
	7 对重	电梯安装对重检验批		
	8 安全部件	电梯安装安全部件检验批		
	9 悬挂装置、随行电缆、补偿装置	电梯安装悬挂装置、随行电缆、补偿装置检验批		
	10 电气装置	电梯安装电气装置检验批		
	11 整机安装验收	电梯安装整机安装验收检验批		

续表

子分部名称	分项工程名称	检验批名称	检验批容量单位	说明
2 液压电梯	1 设备进场验收	电梯安装设备进场验收检验批	部	
	2 土建交接检验	电梯安装土建交接检验检验批		
	3 液压系统	电梯安装液压系统检验批		
	4 导轨	电梯安装导轨检验批	层	
	5 门系统	电梯安装门系统检验批		
	6 轿厢	电梯安装轿厢检验批	部	
	7 对重	电梯安装对重检验批		
	8 安全部件	电梯安装安全部件检验批		
	9 悬挂装置、随行电缆、补偿装置	电梯安装悬挂装置、随行电缆检验批		
	10 电气装置	电梯安装电气装置检验批		
	11 整机安装验收	电梯安装整机安装验收检验批		
3 自动扶梯、自动人行道	1 设备进场验收	自动扶梯、自动人行道设备进场验收检验批	部	
	2 土建交接检验	自动扶梯、自动人行道土建交接检验检验批		
	3 整机安装验收	自动扶梯、自动人行道整机安装验收检验批		

第四章 原始记录填写范例

一、地基与基础工程

表 4.1.1 素土、灰土地基检验批质量验收记录

01010101001

单位（子单位）工程名称	筑业软件办公楼建设工程	分部（子分部）工程名称	地基与基础/地基	分项工程名称		素土、灰土地基
施工单位	××工程有限公司	项目负责人	×××	检验批容量		1200m²
分包单位	/	分包单位项目负责人	/	检验批部位		1～20/A～G轴地基
施工依据	《建筑地基基础工程施工规范》GB 51004—2015			验收依据		《建筑地基基础工程施工质量验收标准》GB 50202—2018

		验收项目	设计要求及规范规定	最小/实际抽样数量	检查记录	检查结果
主控项目	1	地基承载力	不小于设计值	/	设计要求承载力为180kPa，试验合格，报告编号××	√
	2	配合比	设计值	/	设计要求体积比2∶8，检查合格，记录编号××	√
	3	压实系数	不小于设计值	/	设计要求压实系数为95%，检验合格，报告编号××	√
一般项目	1	石灰粒径	≤5mm	/	试验合格，报告编号××	√
	2	土料有机质含量	≤5%	/	试验合格，报告编号××	√
	3	土颗粒粒径	≤15mm	/	试验合格，报告编号××	√
	4	含水量	最优含水量±2%	/	最优含水量为13.2%，试验合格，报告编号××	√
	5	分层厚度	±50mm	32/32	抽查32处，合格32处	100%
施工单位检查结果		主控项目全部合格，一般项目满足规范要求。			专业工长：××× 项目专业质量检查员：××× ××年×月×日	
监理单位验收结论		合格，同意验收。			专业监理工程师：××× ××年×月×日	

表 4.1.2　素土、灰土地基检验批现场验收检查原始记录

共1页　第1页

单位（子单位）工程名称		筑业软件办公楼建设工程		验收日期	××年×月×日
检验批名称		素土、灰土地基检验批		对应检验批编号	01010101001
编号	验收项目	验收部位	验收情况记录		备注
一般项目5	分层厚度（±50mm）	1~20/A~G轴地基	现场共检查32点，最大偏差45mm，最小偏差−20mm		检查点如下图

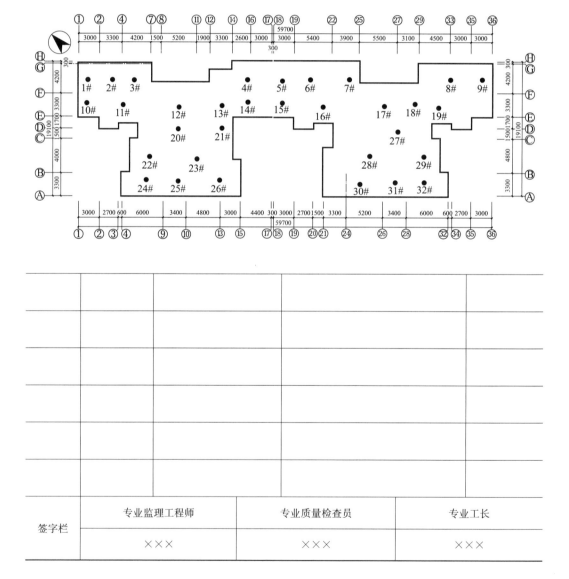

签字栏	专业监理工程师	专业质量检查员		专业工长
	×××	×××		×××

表 4.1.3　砂和砂石地基检验批质量验收记录

01010201001

单位（子单位）工程名称	筑业软件办公楼建设工程	分部（子分部）工程名称	地基与基础/地基	分项工程名称	砂和砂石地基
施工单位	××工程有限公司	项目负责人	×××	检验批容量	1200m²
分包单位	/	分包单位项目负责人	/	检验批部位	1～20/A～G轴地基
施工依据	《建筑地基基础工程施工规范》GB 51004—2015		验收依据	《建筑地基基础工程施工质量验收标准》GB 50202—2018	

		验收项目	设计要求及规范规定	最小/实际抽样数量	检查记录	检查结果
主控项目	1	地基承载力	不小于设计值	/	设计承载力为180kPa，试验合格，报告编号××	√
	2	配合比	设计值	3/3	检查3次，合格3次	√
	3	压实系数	不小于设计值	/	设计压实系数为94%，试验合格，报告编号××	√
一般项目	1	砂石料有机质含量	≤5%	/	试验合格，报告编号××	√
	2	砂石料含泥量	≤5%	/	试验合格，报告编号××	√
	3	石料粒径	≤50mm	/	试验合格，报告编号××	√
	4	分层厚度	±50mm	32/32	抽查32处，合格32处	100%

施工单位检查结果	主控项目全部合格，一般项目满足规范要求。 专业工长：××× 项目专业质量检查员：××× ××年×月×日
监理单位验收结论	合格，同意验收。 专业监理工程师：××× ××年×月×日

表 4.1.4 砂和砂石地基检验批现场验收检查原始记录

单位（子单位）工程名称	筑业软件办公楼建设工程		验收日期	××年×月×日
检验批名称	砂和砂石地基检验批		对应检验批编号	01010201001

编号	验收项目	验收部位	验收情况记录	备注
一般项目4	分层厚度	1～20/A～G轴地基	35mm、31mm、24mm、33mm、 27mm、25mm、31mm、34mm、 37mm、31mm、24mm、41mm、 27mm、25mm、31mm、39mm、 35mm、31mm、24mm、33mm、 27mm、25mm、33mm、34mm、 35mm、31mm、24mm、33mm、 26mm、25mm、31mm、32mm	检查点如下图

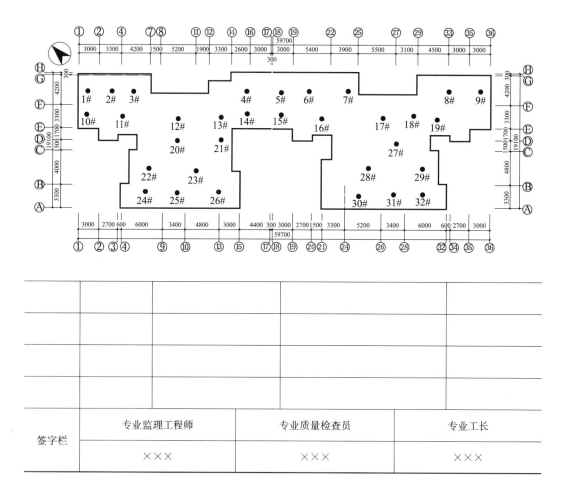

签字栏	专业监理工程师		专业质量检查员		专业工长
	×××		×××		×××

表 4.1.5　土工合成材料地基检验批质量验收记录

01010301001

单位（子单位）工程名称	筑业软件办公楼建设工程	分部（子分部）工程名称	地基与基础/地基	分项工程名称	土工合成材料地基
施工单位	××工程有限公司	项目负责人	×××	检验批容量	1200m²
分包单位	/	分包单位项目负责人	/	检验批部位	1～20/A～G轴地基
施工依据	《建筑地基基础工程施工规范》GB 51004—2015		验收依据	《建筑地基基础工程施工质量验收标准》GB 50202—2018	

		验收项目	设计要求及规范规定	最小/实际抽样数量	检查记录	检查结果
主控项目	1	地基承载力	不小于设计值	/	试验合格，报告编号××	√
	2	土工合成材料强度	≥−5%	/	试验合格，报告编号××	√
	3	土工合成材料延伸率	≥−3%	/	试验合格，报告编号××	√
一般项目	1	土工合成材料搭接长度	≥300mm	2/2	抽查2处，合格2处	100%
	2	土石料有机质含量	≤5%	/	试验合格，报告编号××	√
	3	层面平整度	±20mm	8/8	抽查8处，合格8处	100%
	4	分层厚度	±25mm	8/8	抽查8处，合格8处	100%

施工单位检查结果	主控项目全部合格，一般项目满足规范要求。 专业工长：××× 项目专业质量检查员：××× ××年×月×日
监理单位验收结论	合格，同意验收。 专业监理工程师：××× ××年×月×日

表 4.1.6 土工合成材料地基检验批现场验收检查原始记录

单位（子单位）工程名称	筑业软件办公楼建设工程		验收日期	××年×月×日
检验批名称	土工合成材料地基检验批		对应检验批编号	01010301001
编号	验收项目	验收部位	验收情况记录	备注
一般项目1	土工合成材料搭接长度	1～20/A～G 轴地基	310mm、320mm	检验批划分方案：每100m² 为1处
一般项目3	层面平整度	1#点 2#点 3#点 4#点	14mm 8mm 11mm 14mm 15mm 7mm 14mm 11mm	见附图
一般项目4	分层厚度	5#点 6#点 7#点 8#点	14mm 21mm 22mm 13mm 20mm 8mm 7mm 14mm	

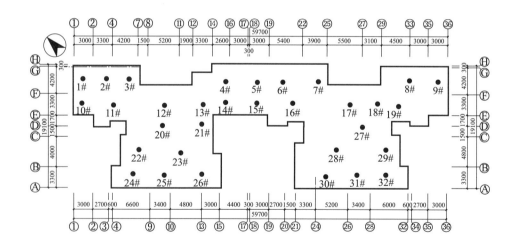

签字栏	专业监理工程师	专业质量检查员	专业工长
	×××	×××	×××

表 4.1.7 砂石桩复合地基检验批质量验收记录

01010801001

单位（子单位）工程名称	筑业软件办公楼建设工程	分部（子分部）工程名称	地基与基础/地基	分项工程名称	砂石桩复合地基
施工单位	××工程有限公司	项目负责人	×××	检验批容量	150 根
分包单位	/	分包单位项目负责人	/	检验批部位	1～20/A～G轴地基
施工依据	《建筑地基基础工程施工规范》GB 51004—2015		验收依据	《建筑地基基础工程施工质量验收标准》GB 50202—2018	

		验收项目	设计要求及规范规定	最小/实际抽样数量	检查记录	检查结果
主控项目	1	复合地基承载力	不小于设计值	/	试验合格，报告编号××	√
	2	桩体密实度	同上	/	试验合格，报告编号××	√
	3	填料量	≥−5％	8/8	抽查8根，合格8根	√
	4	孔深	不小于设计值	8/8	抽查8根，合格8根	√
一般项目	1	填料的含泥量	≤5％	/	试验合格，报告编号××	√
	2	填料的有机质含量	同上	/	试验合格，报告编号××	√
	3	填料粒径	设计要求	/	试验合格，报告编号××	√
	4	桩间土强度	不小于设计值	/	试验合格，报告编号××	√
	5	桩位	≤0.3D	8/8	抽查8根，合格8根	100％
	6	桩顶标高	不小于设计值	8/8	抽查8根，合格8根	100％
	7	密实电流	设计值	8/8	抽查8根，合格8根	100％
	8	留振时间	同上	8/8	抽查8根，合格8根	100％
	9	褥垫层夯填度	≤0.9	8/8	抽查8根，合格8根	100％

施工单位检查结果	主控项目全部合格，一般项目满足规范要求。 专业工长：××× 项目专业质量检查员：××× ××年×月×日
监理单位验收结论	合格，同意验收。 专业监理工程师：××× ××年×月×日

注：夯填度指夯实后的褥垫层厚度与虚铺厚度的比值；D 为设计桩径（mm）。

表 4.1.8 砂石桩复合地基检验批现场验收检查原始记录

共 1 页　第 1 页

单位（子单位）工程名称	筑业软件办公楼建设工程		验收日期	××年×月×日
检验批名称	砂和砂石地基检验批		对应检验批编号	01010201001
编号	验收项目	验收部位	验收情况记录	备注
主控项目 3	填料量	1♯桩 6♯桩 7♯桩 11♯桩 15♯桩 122♯桩 127♯桩 132♯桩	−2％ −3％ −1％ −2％ −3％ −3％ −2％ −1％	
主控项目 4	孔深	1～20/A～G轴地基	检查8根，符合设计要求	
一般项目 5	桩位	1♯桩 6♯桩 7♯桩 11♯桩 15♯桩 122♯桩 127♯桩 132♯桩	70mm 75mm 100mm 120mm 90mm 110mm 80mm 89mm	桩径：500mm
一般项目 6	桩顶标高	1～20/A～G轴地基	检查8根，符合设计要求	
一般项目 7	密实电流	同上	检查8根，符合设计要求	
一般项目 8	留振时间	同上	检查8根，符合设计要求	
一般项目 9	褥垫层夯填度	1♯桩 6♯桩 7♯桩 11♯桩 15♯桩 122♯桩 127♯桩 132♯桩	0.8 0.7 0.8 0.5 0.4 0.2 0.1 0.4	
签字栏	专业监理工程师		专业质量检查员	专业工长
	×××		×××	×××

表 4.1.9 水泥土搅拌桩地基检验批质量验收记录

01011001001

单位（子单位）工程名称	筑业软件办公楼建设工程	分部（子分部）工程名称	地基与基础/地基	分项工程名称	水泥土搅拌桩地基
施工单位	××工程有限公司	项目负责人	×××	检验批容量	150 根
分包单位	/	分包单位项目负责人	/	检验批部位	1～20/A～G 轴地基
施工依据	《建筑地基基础工程施工规范》GB 51004—2015		验收依据	《建筑地基基础工程施工质量验收标准》GB 50202—2018	

		验收项目	设计要求及规范规定	最小/实际抽样数量	检查记录	检查结果
主控项目	1	复合地基承载力	不小于设计值	/	试验合格，报告编号××	√
	2	单桩承载力	不小于设计值	/	试验合格，报告编号××	√
	3	水泥用量	不小于设计值	8/8	抽查 8 根，合格 8 根	√
	4	搅拌叶回转直径	±20mm	8/8	抽查 8 根，合格 8 根	√
	5	桩长	不小于设计值	8/8	抽查 8 根，合格 8 根	√
	6	桩身强度	不小于设计值	/	试验合格，报告编号××	√
一般项目	1	水胶比	设计值	/	试验合格，报告编号××	√
	2	提升速度	设计值	8/8	抽查 8 根，合格 8 根	100%
	3	下沉速度	设计值	8/8	抽查 8 根，合格 8 根	100%
	4 桩位	条基边桩沿轴线	≤1/4D	/	/	/
		垂直轴线	≤1/6D	8/8	抽查 8 根，合格 8 根	100%
		其他情况	≤2/5D	/	/	/
	5	桩顶标高	±200mm	8/8	抽查 8 根，合格 8 根	100%
	6	导向架垂直度	≤1/150	8/8	抽查 8 根，合格 8 根	100%
	7	褥垫层夯填度	≤0.9	8/8	抽查 8 根，合格 8 根	100%

施工单位检查结果	主控项目全部合格，一般项目满足规范要求。 专业工长：××× 项目专业质量检查员：××× ××年×月×日
监理单位验收结论	合格，同意验收。 专业监理工程师：××× ××年×月×日

注：D 为设计桩径（mm）。

表 4.1.10 水泥土搅拌桩地基检验批现场验收检查原始记录

共1页 第1页

单位（子单位）工程名称		筑业软件办公楼建设工程		验收日期	××年×月×日
检验批名称		水泥土搅拌桩地基检验批		对应检验批编号	01011001001
编号	验收项目	验收部位	验收情况记录		备注
主控项目3	水泥用量	1～20/A～G轴地基	检查8根，符合设计要求		
主控项目4	搅拌叶回转直径	1♯桩、15♯桩、37♯桩、56♯桩、120♯桩、132♯桩、138♯桩、149♯桩	依次分别为4mm、5mm、2mm、3mm、5mm、6mm、4mm、7mm		
主控项目5	桩长	1～20/A～G轴地基	检查8根，符合设计要求		
一般项目2	提升速度	同上	检查8根，符合设计要求		
一般项目3	下沉速度	1～20/A～G轴地基	检查8根，符合设计要求		
一般项目4	桩位：垂直轴线		依次分别为25mm、23mm、14mm、15mm、15mm、8mm、12mm、11mm		D：300mm
一般项目5	桩顶标高	1♯桩、15♯桩、37♯桩、56♯桩、120♯桩、132♯桩、138♯桩、149♯桩	依次分别为48mm、110mm、88mm、94mm、63mm、28mm、27mm、34mm		
一般项目6	导向架垂直度		依次分别为8/1500、6/1500、8/1500、3/1500、4/1500、5/1500、6/1500、7/1500		
一般项目7	褥垫层夯填度		依次分别为0.7、0.6、0.4、0.4、0.5、0.7、0.6、0.4		
签字栏	专业监理工程师		专业质量检查员		专业工长
	×××		×××		×××

表 4.1.11 锤击预制桩检验批质量验收记录

01020701001

单位（子单位）工程名称			筑业软件办公楼建设工程	分部（子分部）工程名称	地基与基础/基础	分项工程名称	钢筋混凝土预制桩
施工单位			××工程有限公司	项目负责人	×××	检验批容量	150 根
分包单位			/	分包单位项目负责人	/	检验批部位	1～20/A～G轴桩基
施工依据			《建筑地基基础工程施工规范》GB 51004—2015		验收依据	《建筑地基基础工程施工质量验收标准》GB 50202—2018	

		验收项目		设计要求及规范规定	最小/实际抽样数量	检查记录	检查结果
主控项目	1	承载力		不小于设计值	/	试验合格，报告编号××	√
	2	桩身完整性		—	/	试验合格，报告编号××	√
一般项目	1	成品桩质量		表面平整，颜色均匀，掉角深度小于10mm，蜂窝面积小于总面积的0.5%	/	质量证明文件齐全，材料进行验收记录××	√
	2	桩位	带有基础梁的桩 垂直基础梁的中心线	≤100＋0.01H	/	/	/
			带有基础梁的桩 沿基础梁的中心线	≤150＋0.01H	/	/	/
			承台桩 桩数为1～3根桩基中的桩	≤100＋0.01H	/	/	/
			承台桩 桩数大于或等于4根桩基中的桩	≤1/2桩径＋0.01H 或1/2边长＋0.01H	8/8	抽查8根，合格8根	100%
	3	电焊条质量		设计要求	/	/	/
	4	接桩：焊缝质量	咬边深度	≤0.5mm	/	/	/
			加强层高度	≤2mm	/	/	/
			加强层宽度	≤3mm	/	/	/
			焊缝电焊质量外观	无气孔、无焊瘤、无裂缝	/	/	/
			焊缝探伤检验	设计要求	/	/	/
			电焊结束后停歇时间	≥8（3）min	/	/	/
			上下节平面偏差	≤10mm	/	/	/
			节点弯曲矢高	同桩体弯曲要求	/	/	/
	5	收锤标准		设计要求	/	符合设计要求，记录编号××	√
	6	桩顶标高		±50mm	8/8	抽查8根，合格8根	100%
	7	垂直度		≤1/100	8/8	抽查8根，合格8根	100%

施工单位检查结果	主控项目全部合格，一般项目满足规范要求。	专业工长：××× 项目专业质量检查员：××× ××年×月×日
监理单位验收结论	合格，同意验收。	专业监理工程师：××× ××年×月×日

注：电焊结束后停歇时间项括号中为采用二氧化碳气体保护焊时的数值。H 为桩基施工面至设计桩顶的距离（mm）。

表 4.1.12 锤击预制桩检验批现场验收检查原始记录

单位（子单位）工程名称	筑业软件办公楼建设工程		验收日期	××年×月×日
检验批名称	锤击预制桩检验批		对应检验批编号	01020701001
编号	验收项目	验收部位	验收情况记录	备注
一般项目2	桩位：承台桩	1♯桩、31♯桩、52♯桩、68♯桩、77♯桩、104♯桩、121♯桩、146♯桩	依次分别为 85mm、75mm、65mm、110mm、85mm、75mm、85mm、75mm	H：500mm 桩径：300mm
一般项目6	桩顶标高	同上	依次分别为 25mm、33mm、14mm、26mm、28mm、29mm、31mm、30mm	
一般项目7	垂直度	同上	依次分别为 4‰、5‰、2‰、3‰、8‰、1‰、3‰、8‰	
签字栏	专业监理工程师 ×××		专业质量检查员 ×××	专业工长 ×××

表 4.1.13　静压预制桩检验批质量验收记录

01020702001

单位（子单位）工程名称			筑业软件办公楼建设工程	分部（子分部）工程名称	地基与基础/基础	分项工程名称	钢筋混凝土预制桩
施工单位			××工程有限公司	项目负责人	×××	检验批容量	150 根
分包单位			/	分包单位项目负责人	/	检验批部位	1～20/A～G 轴桩基
施工依据			《建筑地基基础工程施工规范》GB 51004—2015		验收依据	《建筑地基基础工程施工质量验收标准》GB 50202—2018	

			验收项目	设计要求及规范规定	最小/实际抽样数量	检查记录	检查结果
主控项目	1		承载力	不小于设计值	/	试验合格，报告编号××	√
	2		桩身完整性	—	/	试验合格，报告编号××	√
一般项目	1		成品桩质量	表面平整、颜色均匀，掉角深度小于 10mm，蜂窝面积小于总面积的 0.5%	/	质量证明文件齐，材料进场验收记录××	√
	2	桩位	带有基础梁的桩：垂直基础梁的中心线	≤100+0.01H	/	/	/
			沿基础梁的中心线	≤150+0.01H	8/8	抽查 8 根，合格 8 根	100%
			承台桩：桩数为 1～3 根桩基中的桩	≤100+0.01H	/	/	/
			桩数大于或等于 4 根桩基中的桩	≤1/2 桩径+0.01H 或 1/2 边长+0.01H	/	/	/
	3		电焊条质量	设计要求	/	/	/
	4	接桩：焊缝质量	咬边深度	≤0.5mm	/	/	/
			加强层高度	≤2mm	/	/	/
			加强层宽度	≤3mm	/	/	/
			焊缝电焊质量外观	无气孔、无焊瘤、无裂缝	/	/	/
			焊缝探伤检验	设计要求	/	/	/
			电焊结束后停歇时间	≥6（3）min	/	/	/
			上下节平面偏差	≤10mm	/	/	/
			节点弯曲矢高	同桩体弯曲要求	/	/	/
	5		终压标准	设计要求	/	符合设计要求，记录编号××	√
	6		桩顶标高	±50mm	8/8	抽查 8 根，合格 8 根	100%
	7		垂直度	≤1/100	8/8	抽查 8 根，合格 8 根	100%
	8		混凝土灌芯	设计要求	8/8	抽查 8 根，合格 8 根	100%

施工单位检查结果	主控项目全部合格，一般项目满足规范要求。	专业工长：××× 项目专业质量检查员：××× ××年×月×日
监理单位验收结论	合格，同意验收。	专业监理工程师：××× ××年×月×日

注：电焊结束后停歇时间项括号中为采用二氧化碳气体保护焊时的数值。H 为桩基施工面至设计桩顶的距离（mm）。

表 4.1.14 静压预制桩检验批现场验收检查原始记录

共 1 页 第 1 页

单位（子单位） 工程名称	筑业软件办公楼建设工程		验收日期	××年×月×日
检验批名称	静压预制桩检验批		对应检验批编号	01020702001

编号	验收项目	验收部位	验收情况记录	备注
一般项目 2	桩位：带有 基础梁的桩	1～20/A～G 轴桩基	150mm、140mm、148mm、 145mm、150mm、145mm、 147mm、138mm	
一般项目 6	桩顶标高	同上	34mm、33mm、48mm、 45mm、45mm、46mm、 47mm、38mm	
一般项目 7	垂直度	同上	5‰、3‰、4‰、4‰、 2‰、2‰、1‰、7‰	
一般项目 8	混凝土灌芯	同上	检查 8 处，符合设计要求	
签字栏	专业监理工程师		专业质量检查员	专业工长
	×××		×××	×××

表 4.1.15 沉管灌注桩检验批质量验收记录

01021101001

单位（子单位）工程名称	筑业软件办公楼建设工程	分部（子分部）工程名称	地基与基础/基础	分项工程名称	沉管灌注桩
施工单位	××工程有限公司	项目负责人	×××	检验批容量	80 根
分包单位	/	分包单位项目负责人	/	检验批部位	1～20/A～G 轴桩基
施工依据	《建筑地基基础工程施工规范》GB 51004—2015		验收依据	《建筑地基基础工程施工质量验收标准》GB 50202—2018	

		验收项目		设计要求及规范规定	最小/实际抽样数量	检查记录	检查结果
主控项目	1	承载力		不小于设计值	/	试验合格，报告编号××	√
	2	混凝土强度		不小于设计要求	/	试验合格，报告编号××	√
	3	桩身完整性		—	/	试验合格，报告编号××	√
	4	桩长		不小于设计值	/	检查合格：施工记录××	√
一般项目	1	桩径	$D<500mm$	$\geq 0mm$	/	/	/
			$D\geq 500mm$	$\geq 0mm$	5/5	抽查 5 根，合格 5 根	100%
	2	混凝土坍落度		80～100mm	/	坍落度试验合格，记录编号××	√
	3	垂直度		$\leq 1/100$	5/5	抽查 5 根，合格 5 根	100%
	4	桩位	$D<500mm$	$\leq 70+0.01H$	/	/	/
			$D\geq 500mm$	$\leq 100+0.01H$	5/5	抽查 5 根，合格 5 根	100%
	5	拔管速度		1.2～1.5m/min	5/5	抽查 5 根，合格 5 根	100%
	6	桩顶标高		+30mm −50mm	5/5	抽查 5 根，合格 5 根	100%
	7	钢筋笼笼顶标高		$\pm 100mm$	5/5	抽查 5 根，合格 5 根	100%

施工单位检查结果	主控项目全部合格，一般项目满足规范要求。 专业工长：××× 项目专业质量检查员：××× ××年×月×日
监理单位验收结论	合格，同意验收。 专业监理工程师：××× ××年×月×日

注：H 为桩基施工面至设计桩顶的距离（mm）；D 为设计桩径（mm）。

表 4.1.16 沉管灌注桩检验批现场验收检查原始记录

共 1 页 第 1 页

单位（子单位）工程名称	筑业软件办公楼建设工程		验收日期	××年×月×日
检验批名称	沉管灌注桩检验批		对应检验批编号	01021101001

编号	验收项目	验收部位	验收情况记录	备注
一般项目 1	桩径	1♯桩、13♯桩、32♯桩、57♯桩、69♯桩	共抽查 5 处，依次分别为 10mm、8mm、7mm、7mm、6mm	
一般项目 3	垂直度	同上	共抽查 5 处，依次分别为 5‰、6‰、7‰、8‰、4‰	
一般项目 4	桩位	同上	共抽查 5 处，依次分别为 85mm、85mm、98mm、64mm、63mm	H：500mm
一般项目 5	拔管速度	同上	共抽查 5 处，依次分别为 1.3m/min、1.4m/min、1.3m/min、1.4m/min、1.3m/min	
一般项目 6	桩顶标高	同上	共抽查 5 处，依次分别为 22mm、24mm、-32mm、18mm、20mm	
一般项目 7	钢筋笼笼顶标高	同上	共抽查 5 处，依次分别为 -22mm、67mm、66mm、79mm、58mm	
签字栏	专业监理工程师		专业质量检查员	专业工长
	×××		×××	×××

表 4.1.17 保温隔热地基检验批质量验收记录

01030201001

单位（子单位）工程名称	筑业软件办公楼建设工程	分部（子分部）工程名称	地基与基础/特殊土地基基础	分项工程名称	冻土
施工单位	××工程有限公司	项目负责人	×××	检验批容量	80m²
分包单位	/	分包单位项目负责人	/	检验批部位	1～7/A～C轴地基
施工依据	《建筑地基基础工程施工规范》GB 51004—2015		验收依据	《建筑地基基础工程施工质量验收标准》GB 50202—2018	

		验收项目	设计要求及规范规定	最小/实际抽样数量	检查记录	检查结果
主控项目	1	材料强度	≥−5%	/	试验合格，报告编号××	√
	2	材料压缩性	±3%	/	试验合格，报告编号××	√
	3	地基承载力	不小于设计值	/	试验合格，报告编号××	√
一般项目	1	材料接缝质量	设计要求	/	接缝质量符合设计要求，记录编号××	√
	2	层面平整度	±20mm	5/5	抽查5处，合格4处	80%
	3	每层铺设厚度	±1.0mm	5/5	抽查5处，合格5处	100%

施工单位检查结果	主控项目全部合格，一般项目满足规范要求。 专业工长：××× 项目专业质量检查员：××× ××年×月×日
监理单位验收结论	合格，同意验收。 专业监理工程师：××× ××年×月×日

表 4.1.18 保温隔热地基检验批现场验收检查原始记录

单位（子单位）工程名称	筑业软件办公楼建设工程		验收日期	××年×月×日
检验批名称	保温隔热地基检验批		对应检验批编号	01030201001

编号	验收项目	验收部位	验收情况记录	备注
一般项目 2	层面平整度	1～7/A～C轴地基	共抽查 5 处，分别为 15mm、21mm、14mm、8mm、12mm	不合格 1 处
一般项目 3	每层铺设厚度	同上	共抽查 5 处，分别为 0.5mm、0mm、0.6mm、0.5mm、0.4mm	

签字栏	专业监理工程师	专业质量检查员	专业工长
	×××	×××	×××

表 4.1.19 散水检验批质量验收记录

01030305001

单位（子单位）工程名称	筑业软件办公楼建设工程	分部（子分部）工程名称	地基与基础/特殊土地基基础	分项工程名称	膨胀土
施工单位	××工程有限公司	项目负责人	×××	检验批容量	320m²
分包单位	/	分包单位项目负责人	/	检验批部位	1～7/A～C轴散水
施工依据	《建筑地基基础工程施工规范》GB 51004—2015		验收依据	《建筑地基基础工程施工质量验收标准》GB 50202—2018	

		验收项目	设计要求及规范规定	最小/实际抽样数量	检查记录	检查结果
主控项目	1	散水宽度	+100mm 0mm	5/5	抽查5处，合格5处	√
	2	面层厚度	+20mm 0mm	5/5	抽查5处，合格5处	√
	3	垫层厚度	+20mm 0mm	5/5	抽查5处，合格5处	√
	4	隔热保温层厚度	+20mm 0mm	5/5	抽查5处，合格5处	√
一般项目	1	散水坡度	设计值	5/5	抽查5处，合格5处	100％
	2	垫层、隔热保温层配合比	设计值	/	符合设计要求，记录编号××	√
	3	垫层、隔热保温层压实系数	不小于设计值	/	试验合格，报告编号××	√
	4	石灰粒径	≤5mm	/	试验合格，报告编号××	√
	5	土料有机质含量	≤5％	/	试验合格，报告编号××	√
	6	土颗粒粒径	≤15mm	/	试验合格，报告编号××	√
	7	土的含水量	最优含水量 ±2％	/	试验合格，报告编号××	√

施工单位检查结果	主控项目全部合格，一般项目满足规范要求。 专业工长：××× 项目专业质量检查员：××× ××年×月×日
监理单位验收结论	合格，同意验收。 专业监理工程师：××× ××年×月×日

表 4.1.20 散水检验批现场验收检查原始记录

共 1 页　第 1 页

单位（子单位）工程名称	筑业软件办公楼建设工程		验收日期	××年×月×日
检验批名称	散水检验批		对应检验批编号	01030305001
编号	验收项目	验收部位	验收情况记录	备注
主控项目 1	散水宽度	1～2/A～B轴散水 2～3/A～B轴散水 4～5/B～C轴散水 5～6/B～C轴散水 7～8/A～B轴散水	共抽查 5 处，分别为 45mm、45mm、44mm、35mm、55mm	检验批划分方案：以 10m² 为 1 处，共计 32 处
主控项目 2	面层厚度	同上	共抽查 5 处，分别为 6mm、5mm、4mm、13mm、8mm	
主控项目 3	垫层厚度	同上	共抽查 5 处，分别为 7mm、15mm、3mm、7mm、2mm	
主控项目 4	隔热保温层厚度	同上	共抽查 5 处，分别为 5mm、12mm、4mm、7mm、7mm	
一般项目 1	散水坡度	1～7/A～C轴散水	检查 5 处，符合设计要求	

签字栏	专业监理工程师	专业质量检查员	专业工长
	×××	×××	×××

表 4.1.21　灌注桩排桩检验批质量验收记录

01040101001

单位（子单位）工程名称		筑业软件办公楼建设工程	分部（子分部）工程名称	地基与基础/基坑支护	分项工程名称		排桩
施工单位		××工程有限公司	项目负责人	×××	检验批容量		80 根
分包单位		/	分包单位项目负责人	/	检验批部位		1~7/A~C 轴基坑
施工依据		《建筑地基基础工程施工规范》GB 51004—2015		验收依据	《建筑地基基础工程施工质量验收标准》GB 50202—2018		

		验收项目		设计要求及规范规定	最小/实际抽样数量	检查记录	检查结果
主控项目	1	孔深		不小于设计值	5/5	抽查 5 根，合格 5 根	√
	2	桩身完整性		设计要求	/	试验合格，报告编号××	√
	3	混凝土强度		不小于设计值	/	试验合格，报告编号××	√
	4	嵌岩深度		不小于设计值	/	试验合格，报告编号××	√
	5	钢筋笼主筋间距		±10mm	5/5	抽查 5 根，合格 5 根	√
一般项目	1	垂直度		≤1/100（≤1/200）	5/5	抽查 5 根，合格 5 根	100%
	2	孔径		不小于设计值	5/5	抽查 5 根，合格 5 根	100%
	3	桩位		≤50mm	5/5	抽查 5 根，合格 5 根	100%
	4	泥浆指标	比重（黏土或砂性土中）	1.10~1.25	/	黏土试验合格，报告编号××	√
			含砂率	≤8%	/	试验合格，报告编号××	√
			黏度	18~28s	/	试验合格，报告编号××	√
	5	钢筋笼质量	长度	±100mm	5/5	抽查 5 根，合格 5 根	100%
			钢筋连接质量	设计要求	/	试验合格，报告编号××	√
			箍筋间距	±20mm	5/5	抽查 5 根，合格 5 根	100%
			笼直径	±10mm	5/5	抽查 5 根，合格 5 根	100%
	6	沉渣厚度		≤200mm	5/5	抽查 5 根，合格 5 根	100%
	7	混凝土坍落度		180~220mm	/	检查合格，施工记录××	√
	8	钢筋笼安装深度		±100mm	5/5	抽查 5 根，合格 5 根	100%
	9	混凝土充盈系数		≥1.0	/	检查合格，施工记录××	√
	10	桩顶标高		±50mm	5/5	抽查 5 根，合格 5 根	100%

施工单位检查结果	主控项目全部合格，一般项目满足规范要求。　　　　　　专业工长：××× 项目专业质量检查员：××× 　　　　　　　　　　　　　　　　　　　　　　　　××年×月×日
监理单位验收结论	合格，同意验收。　　　　　　　　　　　　　专业监理工程师：××× 　　　　　　　　　　　　　　　　　　　　　　　　××年×月×日

注：垂直度项括号中数值适用于灌注桩排桩采用桩墙合一设计的情况。

表 4.1.22 灌注桩排桩检验批现场验收检查原始记录

共 1 页　第 1 页

单位（子单位）工程名称	筑业软件办公楼建设工程		验收日期	××年×月×日
检验批名称	灌注桩排桩检验批		对应检验批编号	01040101001

编号	验收项目	验收部位	验收情况记录	备注
主控项目1	孔深	1～7/A～C轴基坑	检查5根，符合设计要求	
主控项目5	钢筋笼主筋间距	同上	检查5处，分别为5mm、4mm、4mm、3mm、2mm	
一般项目1	垂直度	同上	检查5处，分别为2‰、4‰、1‰、6‰、2‰	
一般项目2	孔径	同上	检查5根，符合设计要求	
一般项目3	桩位	同上	检查5处，分别为34mm、35mm、44mm、13mm、42mm	
一般项目5	钢筋笼质量：长度	同上	检查5处，分别为－11mm、30mm、－24mm、13mm、32mm	
	钢筋笼质量：箍筋间距	同上	检查5处，分别为－14mm、16mm、－8mm、13mm、15mm	
	钢筋笼质量：笼直径	同上	检查5处，分别为－7mm、6mm、－4mm、8mm、4mm	
一般项目6	沉渣厚度	同上	检查5处，分别为22mm、25mm、14mm、13mm、12mm	
一般项目8	钢筋笼安装深度	同上	检查5处，分别为32mm、－30mm、－24mm、13mm、32mm	
一般项目10	桩顶标高	同上	检查5处，分别为24mm、26mm、－18mm、13mm、－15mm	

签字栏	专业监理工程师	专业质量检查员	专业工长
	×××	×××	×××

表 4.1.23　土钉墙支护检验批质量验收记录

01040501001

单位（子单位）工程名称		筑业软件办公楼建设工程	分部（子分部）工程名称	地基与基础/基坑支护	分项工程名称	土钉墙
施工单位		××工程有限公司	项目负责人	×××	检验批容量	30 根
分包单位		/	分包单位项目负责人	/	检验批部位	1~7/A~C轴土钉墙
施工依据		《建筑地基基础工程施工规范》GB 51004—2015	验收依据		《建筑地基基础工程施工质量验收标准》GB 50202—2018	

		验收项目	设计要求及规范规定	最小/实际抽样数量	检查记录	检查结果
主控项目	1	抗拔承载力	不小于设计值	/	试验合格，报告编号××	√
	2	土钉长度	不小于设计值	5/5	抽查 5 根，合格 5 根	√
	3	分层开挖厚度	±200mm	5/5	抽查 5 根，合格 5 根	√
一般项目	1	土钉位置	±100mm	5/5	抽查 5 根，合格 5 根	100%
	2	土钉直径	不小于设计值	5/5	抽查 5 根，合格 5 根	100%
	3	土钉孔倾斜度	≤3°	5/5	抽查 5 根，合格 5 根	100%
	4	水胶比	设计值	/	检查合格，施工记录××	√
	5	注浆量	不小于设计值	/	检验合格，施工记录××	√
	6	注浆压力	设计值	/	检验合格，施工记录××	√
	7	浆体强度	不小于设计值	/	试验合格，报告编号××	√
	8	钢筋网间距	±30mm	5/5	抽查 5 根，合格 5 根	100%
	9	土钉面层厚度	±10mm	5/5	抽查 5 根，合格 5 根	100%
	10	面层混凝土强度	不小于设计值	/	试验合格，报告编号××	√
	11	预留土墩尺寸及间距	±500mm	5/5	抽查 5 根，合格 5 根	100%
	12	微型桩桩位	≤50mm	/	/	/
	13	微型桩垂直度	≤1/200	/	/	/

施工单位检查结果	主控项目全部合格，一般项目满足规范要求。　　　专业工长：××× 项目专业质量检查员：××× ××年×月×日
监理单位验收结论	合格，同意验收。　　　专业监理工程师：××× ××年×月×日

注：第 12 项和第 13 项的检测仅适用于微型桩结合土钉的复合土钉墙。

表 4.1.24 土钉墙支护检验批现场验收检查原始记录

单位（子单位）工程名称	筑业软件办公楼建设工程		验收日期	××年×月×日
检验批名称	土钉墙支护检验批		对应检验批编号	01040501001

编号	验收项目	验收部位	验收情况记录	备注
主控项目 2	土钉长度	1～7/A～C 轴土钉墙	检查 5 根，符合设计要求	
主控项目 3	分层开挖厚度	同上	检查 5 处，分别为 150mm、160mm、170mm、155mm、155mm	
一般项目 1	土钉位置	同上	检查 5 处，分别为 84mm、86mm、75mm、－55mm、45mm	
一般项目 2	土钉直径	同上	检查 5 根，符合设计要求	
一般项目 3	土钉孔倾斜度	同上	检查 5 处，分别为 2°、1°、1°、2°、1°	
一般项目 8	钢筋网间距	同上	检查 5 处，分别为 15mm、18mm、17mm、12mm、14mm	
一般项目 9	土钉面层厚度	同上	检查 5 处，分别为－5mm、8mm、7mm、－2mm、－4mm	
一般项目 11	预留土墩尺寸及间距	同上	检查 5 处，分别为 150mm、280mm、－170mm、350mm、355mm	

签字栏	专业监理工程师	专业质量检查员	专业工长
	×××	×××	×××

表 4.1.25 水泥土搅拌桩检验批质量验收记录

01040701001

单位（子单位）工程名称	筑业软件办公楼建设工程	分部（子分部）工程名称	地基与基础/基坑支护	分项工程名称	重力式水泥土墙
施工单位	××工程有限公司	项目负责人	×××	检验批容量	20根
分包单位	/	分包单位项目负责人	/	检验批部位	1～7/A～C轴水泥土搅拌桩
施工依据	《建筑地基基础工程施工规范》GB 51004—2015		验收依据	《建筑地基基础工程施工质量验收标准》GB 50202—2018	

		验收项目	设计要求及规范规定	最小/实际抽样数量	检查记录	检查结果
主控项目	1	桩身强度	不小于设计值	/	符合设计要求，施工记录××	√
	2	水泥用量	不小于设计值	/	符合设计要求，施工记录××	√
	3	桩长	不小于设计值	3/3	抽查3根，合格3根	√
一般项目	1	桩径	±10mm	3/3	抽查3根，合格3根	100%
	2	水胶比	设计值	/	水胶比为0.45，检查合格，施工记录××	√
	3	提升速度	设计值	/	符合设计要求，施工记录××	√
	4	下沉速度	设计值	/	符合设计要求，施工记录××	√
	5	桩位	≤50mm	3/3	抽查3根，合格3根	100%
	6	桩顶标高	±200mm	3/3	抽查3根，合格3根	100%
	7	导向架垂直度	≤1/100	3/3	抽查3根，合格3根	100%
	8	施工间歇	≤24h	/	检验合格，施工记录××	√

施工单位检查结果	主控项目全部合格，一般项目满足规范要求。 专业工长：××× 项目专业质量检查员：××× ××年×月×日
监理单位验收结论	合格，同意验收。 专业监理工程师：××× ××年×月×日

表 4.1.26 水泥土搅拌桩检验批现场验收检查原始记录

共 1 页 第 1 页

单位（子单位）工程名称	筑业软件办公楼建设工程		验收日期	××年×月×日
检验批名称	水泥土搅拌桩检验批		对应检验批编号	01040701001

编号	验收项目	验收部位	验收情况记录	备注
主控项目 3	桩长	1～7/A～C 轴水泥土搅拌桩	检查 3 根，符合设计要求	
一般项目 1	桩径	同上	检查 3 处，分别为 5mm、3mm、3mm	
一般项目 5	桩位	同上	检查 3 处，分别为 15mm、23mm、23mm	
一般项目 6	桩顶标高	同上	检查 3 处，分别为 115mm、78mm、93mm	
一般项目 7	导向架垂直度	同上	检查 3 处，分别为 5‰、6‰、8‰	

签字栏	专业监理工程师	专业质量检查员	专业工长
	×××	×××	×××

表 4.1.27　柱基、基坑、基槽土方开挖工程检验批质量验收记录

01060101001

单位（子单位）工程名称	筑业软件办公楼建设工程	分部（子分部）工程名称	地基与基础/土石方	分项工程名称	土方开挖
施工单位	××工程有限公司	项目负责人	×××	检验批容量	基底面积 2000m² 边坡长度 260m 几何尺寸 8 项
分包单位	/	分包单位项目负责人	/	检验批部位	1♯基坑基槽
施工依据	《建筑地基基础工程施工规范》GB 51004—2015		验收依据	《建筑地基基础工程施工质量验收标准》GB 50202—2018	

		验收项目	设计要求及规范规定	最小/实际抽样数量	检查记录	检查结果
主控项目	1	标高	0mm −50mm	20/20	抽查 20 处，合格 20 处	√
	2	长度、宽度（由设计中心线向两边量）	+200mm −50mm	20/全	全数检查，全部合格	√
	3	坡率	设计值	13/13	抽查 13 处，合格 13 处	√
一般项目	1	表面平整度	±20mm	20/20	抽查 20 处，合格 20 处	100%
	2	基底土性	设计要求	/	符合设计要求，基础验槽记录编号××	√

施工单位检查结果	主控项目全部合格，一般项目满足规范要求。 专业工长：××× 项目专业质量检查员：××× ××年×月×日
监理单位验收结论	合格，同意验收。 专业监理工程师：××× ××年×月×日

表 4.1.28 柱基、基坑、基槽土方开挖工程检验批现场验收检查原始记录

单位（子单位）工程名称	筑业软件办公楼建设工程		验收日期	××年×月×日	
检验批名称	柱基、基坑、基槽土方开挖工程检验批		对应检验批编号	01060101001	
编号	验收项目	验收部位	验收情况记录		备注
主控项目1	标高	1#基坑基槽	检查20处，分别为－22mm、－14mm、－24mm、－32mm、－27mm、－33mm、－25mm、－27mm、－32mm、－42mm、－41mm、－43mm、－35mm、－44mm、－37mm、－38mm、－38mm、－37mm、－34mm、－33mm		
主控项目2	长度、宽度（由设计中心线向两边量）	同上	132mm、143mm、121mm、132mm、27mm、131mm、－32mm、127mm、－35mm、－42mm、－51mm、23mm、35mm、84mm、87mm、63mm、48mm、57mm、64mm、53mm		
主控项目3	坡率	同上	检查13处，符合设计要求		
一般项目1	表面平整度	同上	检查20处，分别为－15mm、－14mm、－11mm、－8mm、－2mm、6mm、2mm、4mm、2mm、1mm、7mm、3mm、－5mm、－4mm、－7mm、3mm、8mm、5mm、4mm、3mm		
签字栏	专业监理工程师		专业质量检查员		专业工长
	×××		×××		×××

表 4.1.29　挖方场地平整土方开挖工程检验批质量验收记录

01060102001

单位（子单位）工程名称	筑业软件办公楼建设工程	分部（子分部）工程名称	地基与基础/土石方	分项工程名称	土方开挖
施工单位	××工程有限公司	项目负责人	×××	检验批容量	基底面积 2000m² 边坡长度 260m 几何尺寸 8 项
分包单位	/	分包单位项目负责人	/	检验批部位	1♯基坑基槽
施工依据	《建筑地基基础工程施工规范》GB 51004—2015		验收依据	《建筑地基基础工程施工质量验收标准》GB 50202—2018	

		验收项目		设计要求及规范规定	最小/实际抽样数量	检查记录	检查结果
主控项目	1	标高	人工	±30mm	/	/	/
			机械	±50mm	20/20	抽查20处，合格20处	√
	2	长度、宽度（由设计中心线向两边量）	人工	+300mm −100mm	/	/	/
			机械	+500mm −150mm	20/20	抽查20处，合格20处	√
	3	坡率		设计值	13/13	抽查13处，合格13处	√
一般项目	1	表面平整度	人工	±20mm	/	/	/
			机械	±50mm	20/20	抽查20处，合格20处	100％
	2	基底土性		设计要求	/	符合设计要求，基础验槽记录编号××	√

施工单位检查结果	主控项目全部合格，一般项目满足规范要求。 专业工长：××× 项目专业质量检查员：××× 　　　　　　　　　××年×月×日
监理单位验收结论	合格，同意验收。 专业监理工程师：××× 　　　　　　　　　××年×月×日

表 4.1.30 挖方场地平整土方开挖工程检验批现场验收检查原始记录

共1页 第1页

单位（子单位）工程名称	筑业软件办公楼建设工程		验收日期	××年×月×日
检验批名称	挖方场地平整土方开挖工程检验批		对应检验批编号	01060102001

编号	验收项目	验收部位	验收情况记录	备注
主控项目1	标高：机械	1#基坑基槽	检查2处，分别为32mm、33mm、34mm、32mm、27mm、31mm、25mm、27mm、32mm、42mm、41mm、43mm、35mm、44mm、37mm、33mm、38mm、37mm、34mm、33mm	
主控项目2	长度、宽度（由设计中心线向两边量）：机械	同上	检查2处，分别232mm、243mm、321mm、432mm、427mm、431mm、432mm、327mm、352mm、442mm、451mm、423mm、235mm、404mm、387mm、363mm、348mm、357mm、364mm、353mm	
主控项目3	坡率	同上	检查13处，符合设计要求	
一般项目1	表面平整度：机械	同上	检查2处，分别−11mm、−13mm、−24mm、−32mm、−27mm、32mm、22mm、24mm、12mm、12mm、11mm、23mm、25mm、14mm、27mm、33mm、38mm、35mm、24mm、23mm	

签字栏	专业监理工程师	专业质量检查员	专业工长
	×××	×××	×××

表 4.1.31　场地平整填方工程检验批质量验收记录

01060402001

单位（子单位）工程名称	筑业软件办公楼建设工程	分部（子分部）工程名称	地基与基础/土石方	分项工程名称	土石方回填
施工单位	××工程有限公司	项目负责人	×××	检验批容量	填方面积 2000m²
分包单位	/	分包单位项目负责人	/	检验批部位	1#土方回填场区
施工依据	《建筑地基基础工程施工规范》GB 51004—2015		验收依据	《建筑地基基础工程施工质量验收标准》GB 50202—2018	

		验收项目		设计要求及规范规定	最小/实际抽样数量	检查记录	检查结果
主控项目	1	标高	人工	±30mm	/	/	/
			机械	±50mm	20/20	抽查20处，合格20处	√
	2	分层压实系数		不小于设计值	/	试验合格，报告编号××	√
一般项目	1	回填土料		设计要求	/	试验合格，报告编号××	√
	2	分层厚度		设计值	13/13	抽查13处，合格13处	100%
	3	含水量		最优含水量±4%	/	试验合格，报告编号××	√
	4	表面平整度	人工	±20mm	/	/	/
			机械	±30mm	20/20	抽查20处，合格20处	100%
	5	有机质含量		≤5%	/	试验合格，报告编号××	√
	6	辗迹重叠长度		500～1000mm	20/20	抽查20处，合格20处	100%

施工单位检查结果	主控项目全部合格，一般项目满足规范要求。 专业工长：××× 项目专业质量检查员：××× ××年×月×日
监理单位验收结论	合格，同意验收。 专业监理工程师：××× ××年×月×日

表 4.1.32　场地平整填方工程检验批现场验收检查原始记录

单位（子单位）工程名称	筑业软件办公楼建设工程		验收日期	××年×月×日
检验批名称	场地平整填方工程检验批		对应检验批编号	01060402001

编号	验收项目	验收部位	验收情况记录	备注
主控项目1	标高：机械填方	1#土方回填场区	检查 20 处，分别为 22mm、21mm、34mm、32mm、25mm、22mm、45mm、27mm、43mm、42mm、44mm、43mm、35mm、34mm、32mm、33mm、36mm、37mm、34mm、32mm	
一般项目2	分层厚度	同上	检查13处，符合设计要求	
一般项目4	表面平整度：机械填方	同上	检查 20 处，分别为 22mm、22mm、14mm、12mm、21mm、12mm、15mm、17mm、23mm、22mm、14mm、23mm、25mm、14mm、22mm、23mm、26mm、27mm、14mm、12mm	
一般项目6	辗迹重叠长度	同上	检查 20 处，分别为 522mm、532mm、624mm、632mm、621mm、612mm、515mm、543mm、723mm、567mm、674mm、623mm、655mm、654mm、752mm、723mm、626mm、527mm、614mm、612mm	

签字栏	专业监理工程师	专业质量检查员	专业工长
	×××	×××	×××

表 4.1.33 挡土墙检验批质量验收记录

01070201001

单位（子单位）工程名称	筑业软件办公楼建设工程	分部（子分部）工程名称	地基与基础/边坡	分项工程名称	挡土墙
施工单位	××工程有限公司	项目负责人	×××	检验批容量	5缝段
分包单位	/	分包单位项目负责人	/	检验批部位	1#挡土墙
施工依据	《建筑地基基础工程施工规范》GB 51004—2015		验收依据	《建筑地基基础工程施工质量验收标准》GB 50202—2018	

		验收项目		设计要求及规范规定	最小/实际抽样数量	检查记录	检查结果
主控项目	1	挡土墙埋置深度		±10mm	2/2	抽查2段，合格2段	√
	2	墙身材料强度	石材	≥30MPa	/	/	/
			混凝土	不小于设计值	/	试验合格，记录编号××	√
	3	分层压实系数		不小于设计值	/	试验合格，记录编号××	√
一般项目	1	平面位置		≤50mm	2/2	抽查2段，合格2段	100%
	2	墙身、压顶断面尺寸		不小于设计值	30/30	抽查30处，合格30处	100%
	3	压顶顶面高程		±10mm	15/15	抽查15处，合格15处	100%
	4	墙背加筋材料强度、延伸率		不小于设计值	/	试验合格，记录编号××	√
	5	泄水孔尺寸		±3mm	15/15	抽查15处，合格15处	100%
	6	泄水孔的坡度		设计值	15/15	抽查15处，合格15处	100%
	7	伸缩缝、沉降缝宽度		+20mm 0mm	15/15	抽查15处，合格15处	100%
	8	轴线位置		≤30mm	20/20	抽查20处，合格20处	100%
	9	墙面倾斜率		≤0.5%	15/15	抽查15处，合格15处	100%
	10	墙表面平整度（混凝土）		±10mm	15/15	抽查15处，合格15处	100%

施工单位检查结果	主控项目全部合格，一般项目满足规范要求。 专业工长：××× 项目专业质量检查员：××× ××年×月×日
监理单位验收结论	合格，同意验收。 专业监理工程师：××× ××年×月×日

表 4.1.34 挡土墙检验批现场验收检查原始记录

单位（子单位）工程名称	筑业软件办公楼建设工程		验收日期		××年×月×日
检验批名称	挡土墙检验批		对应检验批编号		01070201001
编号	验收项目	验收部位	验收情况记录		备注
主控项目1	挡土墙埋置深度	1#挡土墙	5mm、7mm		
一般项目1	平面位置	同上	32mm、37mm		
一般项目2	墙身、压顶断面尺寸	同上	检查30处，符合设计要求		
一般项目3	压顶顶面高层	同上	7mm、7mm、6mm、7mm、4mm、8mm、1mm、8mm、6mm、4mm、2mm、8mm、3mm、7mm、5mm，共检查15处		
一般项目5	泄水孔尺寸	同上	2mm、2mm、0mm、1mm、0mm、2mm、1mm、0mm、0mm、0mm、1mm、0mm、2mm、2mm、0mm，共检查15处		
一般项目6	泄水孔的坡度	同上	5%，2%，3%，2%，2%，3%，2%，5%，4%，5%，4%，5%，2%，4%，5%		
一般项目7	伸缩缝、沉降缝宽度	同上	12mm、12mm、14mm、11mm、10mm、15mm、11mm、13mm、13mm、15mm、18mm、10mm、12mm、12mm、17mm，共检查15处		
一般项目8	轴线位置	同上	11mm、16mm、22mm、24mm、10mm、22mm、21mm、13mm、23mm、15mm、18mm、26mm、18mm、22mm、17mm、17mm、12mm、16mm、14mm、15mm，共检查20处		
一般项目9	墙面倾斜率	同上	0.4%、0.1%、0.1%、0.3%、0.2%、0.3%、0.4%、0.1%、0.2%、0.2%、0.2%、0.4%、0.3%、0.1%、0.3%，共检查15处		
一般项目10	墙表面平整度（混凝土）	同上	2mm、2mm、1mm、1mm、2mm、1mm、1mm、3mm、1mm、3mm、1mm、4mm、4mm、4mm、1mm，共检查15处		
签字栏	专业监理工程师		专业质量检查员		专业工长
	×××		×××		×××

表 4.1.35　防水混凝土检验批质量验收记录

01080101001

单位（子单位）工程名称	筑业软件办公楼建设工程	分部（子分部）工程名称	地基与基础/地下防水	分项工程名称	主体结构防水
施工单位	××工程有限公司	项目负责人	×××	检验批容量	600m³
分包单位	/	分包单位项目负责人	/	检验批部位	地下室 1～7/A～C 轴外墙
施工依据	《地下工程防水技术规范》GB 50108—2008		验收依据	《地下防水工程质量验收规范》GB 50208—2011	

		验收项目	设计要求及规范规定	最小/实际抽样数量	检查记录	检查结果
主控项目	1	防水混凝土的原材料、配合比及坍落度	第 4.1.14 条	/	质量证明文件齐全，检验合格，报告编号××	√
	2	防水混凝土的抗压强度和抗渗性能	第 4.1.15 条	/	检验合格，报告编号××	√
	3	防水混凝土结构的施工缝、变形缝、后浇带、穿墙管、埋设件等设置和构造	第 4.1.16 条	6/6	检查合格，隐蔽工程验收记录××	√
一般项目	1	防水混凝土结构表面应坚实、平整，不得有露筋、蜂窝等缺陷；埋设件位置应准确	第 4.1.17 条	6/6	抽查 6 处，合格 6 处	100%
	2	防水混凝土结构表面的裂缝宽度	≯0.2mm	6/6	抽查 6 处，合格 6 处	100%
	3	防水混凝土结构厚度不应小于 250mm	+8mm −5mm	6/6	抽查 6 处，合格 6 处	100%
		主体结构迎水面钢筋保护层厚度不应小于 50mm	±5mm	6/6	抽查 6 处，合格 6 处	100%

施工单位检查结果	主控项目全部合格，一般项目满足规范要求。　　　专业工长：×××　　　项目专业质量检查员：×××　　　　　　　　　　　　××年×月×日
监理单位验收结论	合格，同意验收。　　　　专业监理工程师：×××　　　　　　　　　　　　××年×月×日

表 4.1.36 防水混凝土检验批现场验收检查原始记录

共 1 页　第 1 页

单位（子单位）工程名称	筑业软件办公楼建设工程		验收日期	××年×月×日	
检验批名称	防水混凝土检验批		对应检验批编号	01080101001	
编号	验收项目	验收部位	验收情况记录		备注
一般项目 1	防水混凝土结构表面应坚实、平整，不得有露筋、蜂窝等缺陷；埋设件位置应准确	地下室 1～7/A～C 轴外墙	检查 6 处，防水混凝土结构表面坚实、平整，无露筋、蜂窝等缺陷；埋设件位置正确		
一般项目 2	防水混凝土结构表面的裂缝宽度	同上	检查 6 处，分别为 0.1mm、0mm、0.1mm、0.2mm、0mm、0.1mm		
一般项目 3	防水混凝土结构厚度不应小于 250mm	同上	检查 6 处，分别为 7mm、6mm、7mm、4mm、5mm、7mm		
	主体结构迎水面钢筋保护层厚度不应小于 50mm	同上	检查 6 处，分别为 3mm、2mm、3mm、4mm、2mm、3mm		
签字栏	专业监理工程师		专业质量检查员		专业工长
	×××		×××		×××

表 4.1.37 水泥砂浆防水层检验批质量验收记录

01080102001

单位（子单位）工程名称	筑业软件办公楼建设工程	分部（子分部）工程名称	地基与基础/地下防水	分项工程名称	主体结构防水
施工单位	××工程有限公司	项目负责人	×××	检验批容量	200m²
分包单位	/	分包单位项目负责人	/	检验批部位	1～7轴北侧外墙
施工依据	《地下工程防水技术规范》GB 50108—2008		验收依据	《地下防水工程质量验收规范》GB 50208—2011	

		验收项目	设计要求及规范规定	最小/实际抽样数量	检查记录	检查结果
主控项目	1	防水砂浆的原材料及配合比	第4.2.7条	/	质量证明文件齐全，检验合格，报告编号××	√
	2	防水砂浆的黏结强度和抗渗性能	第4.2.8条	/	检验合格，报告编号××	√
	3	水泥砂浆防水层与基层之间应结合牢固，无空鼓现象	第4.2.9条	3/3	抽查3处，合格3处	√
一般项目	1	水泥砂浆防水层表面应密实、平整，不得有裂纹、起砂、麻面等缺陷	第4.2.10条	3/3	抽查3处，合格3处	100%
	2	水泥砂浆防水层施工缝留槎位置应正确，接槎应按层次顺序操作，层层搭接紧密	第4.2.11条	3/3	抽查3处，合格3处	100%
	3	水泥砂浆防水层的平均厚度应符合设计要求	厚度≮设计值的85%	3/3	抽查3处，合格3处	100%
	4	水泥砂浆防水层表面平整度允许偏差	5mm	3/3	抽查3处，合格3处	100%

施工单位检查结果	主控项目全部合格，一般项目满足规范要求。　　　　专业工长：××× 项目专业质量检查员：××× ××年×月×日
监理单位验收结论	合格，同意验收。 　　　　专业监理工程师：××× ××年×月×日

表 4.1.38 水泥砂浆防水层检验批现场验收检查原始记录

单位（子单位）工程名称	筑业软件办公楼建设工程		验收日期	××年×月×日	
检验批名称	水泥砂浆防水层检验批		对应检验批编号	01080102001	
编号	验收项目	验收部位	验收情况记录		备注
主控项目 3	水泥砂浆防水层与基层之间应结合牢固，无空鼓现象	1～7 轴北侧外墙	检查 3 处，水泥砂浆防水层与基层之间结合牢固、无空鼓现象		
一般项目 1	水泥砂浆防水层表面应密实、平整，不得有裂纹、起砂、麻面等缺陷	同上	检查 3 处，水泥砂浆防水层表面密实、平整，无裂纹、起砂、麻面等缺陷		
一般项目 2	水泥砂浆防水层施工缝留槎位置应正确，接槎应按层次顺序操作，层层搭接紧密	同上	检查 3 处，水泥砂浆防水层施工缝留槎位置正确，接茬顺序正确，层层搭接紧密		
一般项目 3	水泥砂浆防水层的平均厚度应符合设计要求	同上	10mm、10mm、9mm		
一般项目 4	水泥砂浆防水层表面平整度允许偏差	同上	2mm、3mm、3mm		
签字栏	专业监理工程师		专业质量检查员		专业工长
	×××		×××		×××

表 4.1.39 塑料防水板防水层检验批质量验收记录

01080105001

单位（子单位）工程名称	筑业软件办公楼建设工程	分部（子分部）工程名称	地基与基础/地下防水	分项工程名称	主体结构防水
施工单位	××工程有限公司	项目负责人	×××	检验批容量	防水板：600m² 焊缝：72条
分包单位	/	分包单位项目负责人	/	检验批部位	车库1～8/A～D轴顶板
施工依据	《地下工程防水技术规范》GB 50108—2008		验收依据	《地下防水工程质量验收规范》GB 50208—2011	

		验收项目	设计要求及规范规定	最小/实际抽样数量	检查记录	检查结果
主控项目	1	塑料防水板及其配套材料	第4.5.8条	/	进场检验记录，编号××，复试合格，编号××	√
	2	塑料防水板的搭接缝必须采用双缝热熔焊接	第4.5.9条	4/4	抽查4条，合格4条	√
		塑料防水板每条焊缝的有效宽度	≮10mm	4/4	抽查4条，合格4条	√
一般项目	1	塑料防水板应采用无钉孔铺设，其固定点的间距	第4.5.10条	6/6	抽查6处，合格6处	100%
	2	塑料防水板与暗钉圈焊接	第4.5.11条	6/6	抽查6处，合格6处	100%
	3	塑料防水板的铺设	第4.5.12条	6/6	抽查6处，合格6处	100%
	4	塑料防水板搭接宽度允许偏差	−10mm	6/6	抽查6处，合格6处	100%

施工单位检查结果	主控项目全部合格，一般项目满足规范要求。 专业工长：××× 项目专业质量检查员：××× ××年×月×日
监理单位验收结论	合格，同意验收。 专业监理工程师：××× ××年×月×日

表 4.1.40 塑料防水板防水层检验批现场验收检查原始记录

单位（子单位）工程名称	筑业软件办公楼建设工程		验收日期	××年×月×日
检验批名称	塑料防水板防水层检验批		对应检验批编号	01080105001

编号	验收项目	验收部位	验收情况记录	备注
主控项目 2	塑料防水板的搭接缝必须采用双缝热熔焊接	车库 1～8/A～D 轴顶板	检查 4 处，搭接缝采用双缝热熔焊接	
	塑料防水板每条焊缝的有效宽度	同上	8mm、5mm、4mm、6mm	
一般项目 1	塑料防水板应采用无钉孔铺设，其固定点的间距	同上	检查 6 处，拱部间距：0.6m、0.6m；底部间距：1.8m、1.7m、1.7m、1.7m	
一般项目 2	塑料防水板与暗钉圈焊接	同上	检查 6 处，塑料防水板与暗钉圈焊接牢靠，无漏焊、假焊和焊穿现象	
一般项目 3	塑料防水板的铺设	同上	检查 6 处，塑料防水板铺设平顺，无下垂、绷紧和破损现象	
一般项目 4	塑料防水板搭接宽度允许偏差	同上	−5mm、−4mm、0mm、−5mm、−1mm、−2mm	
签字栏	专业监理工程师		专业质量检查员	专业工长
	×××		×××	×××

表 4.1.41 后浇带检验批质量验收记录

01080203001

单位（子单位） 工程名称	筑业软件办公楼 建设工程	分部（子分部） 工程名称	地基与基础/ 地下防水	分项工程 名称	细部构造防水
施工单位	××工程有限公司	项目负责人	×××	检验批容量	50m
分包单位	/	分包单位项目 负责人	/	检验批部位	地下1层1～8/ A～D轴底板
施工依据	《地下工程防水技术规范》 GB 50108—2008		验收依据	《地下防水工程质量验收规范》 GB 50208—2011	

		验收项目	设计要求及 规范规定	最小/实际 抽样数量	检查记录	检查 结果
主控项目	1	后浇带用遇水膨胀止水条 或止水胶、预埋注浆管、外 贴式止水带	第5.3.1条	/	进场检验记录，编号××， 复试合格，编号××	√
	2	补偿收缩混凝土的原材料 及配合比	第5.3.2条	/	质量证明文件齐全， 检验合格，报告编号××	√
	3	后浇带防水构造	第5.3.3条	/	隐蔽工程验收合格， 记录编号××	√
	4	采用掺膨胀剂的补偿收缩 混凝土，其抗压强度、抗渗 性能和限制膨胀率	第5.3.4条	/	检验合格，报告编号××	√
一般项目	1	补偿收缩混凝土浇筑前， 后浇带部位和外贴式止水带 应采取保护措施	第5.3.5条	/全	共3处，全部检查， 合格3处	100%
	2	后浇带两侧的接缝表面应 先清理干净，再涂刷混凝土 界面处理剂或水泥基渗透结 晶型防水涂料	第5.3.6条	/	隐蔽工程验收合格， 记录编号××	√
		后浇混凝土的浇筑时间应 符合设计要求		/全	共3处，全部检查， 合格3处	100%
	3	遇水膨胀止水条应具有缓 膨胀性能	第5.1.8条	/	隐蔽工程验收合格， 记录编号××	√
		止水条埋设位置、方法		/	隐蔽工程验收合格， 记录编号××	√
		止水条采用搭接连接时， 搭接宽度	≮30mm	/	隐蔽工程验收合格， 记录编号××	√
	4	遇水膨胀止水胶施工	第5.1.9条	/	/	/
	5	预埋式注浆管设置	第5.1.10条	/	/	/
	6	外贴式止水带在变形缝与 施工缝相交部位和变形缝转 角部位设置	第5.2.6条	/	/	/
		外贴式止水带埋设位置和敷设		/	/	/
	7	后浇带混凝土应一次浇筑， 不得留施工缝	第5.3.8条	/	/	/
		混凝土浇筑后应及时养护， 养护时间不得少于28d		/	隐蔽工程验收合格， 记录编号××	√
施工单位 检查结果		主控项目全部合格，一般项目满足规范要求。	专业工长：××× 项目专业质量检查员：××× 　　　　　　　　　　　　××年×月×日			
监理单位 验收结论		合格，同意验收。	专业监理工程师：××× 　　　　　　　　　　　　××年×月×日			

表 4.1.42　后浇带检验批现场验收检查原始记录

单位（子单位）工程名称	筑业软件办公楼建设工程		验收日期	××年×月×日
检验批名称	后浇带检验批		对应检验批编号	01080203001

编号	验收项目	验收部位	验收情况记录	备注
一般项目1	补偿收缩混凝土浇筑前，后浇带部位和外贴式止水带应采取保护措施	地下1层1～8/A～D轴底板	检查3处，后浇带部位已采取保护措施	
一般项目2	后浇带两侧的接缝表面应先清理干净，再涂刷混凝土界面处理剂或水泥基渗透结晶型防水涂料	同上	检查3处，后浇带两侧的接缝表面清理干净，涂刷混凝土界面处理剂	

签字栏	专业监理工程师	专业质量检查员	专业工长
	×××	×××	×××

表 4.1.43 塑料排水板排水检验批质量验收记录

01080403001

单位（子单位）工程名称	筑业软件办公楼建设工程	分部（子分部）工程名称	地基与基础/地下防水	分项工程名称	排水
施工单位	××工程有限公司	项目负责人	×××	检验批容量	600m²
分包单位	/	分包单位项目负责人	/	检验批部位	车库顶板
施工依据	《地下工程防水技术规范》GB 50108—2008		验收依据	《地下防水工程质量验收规范》GB 50208—2011	

		验收项目	设计要求及规范规定	最小/实际抽样数量	检查记录	检查结果
主控项目	1	塑料排水板和土工布	第7.3.8条	/	质量证明文件齐全，检验合格，报告编号××	√
	2	塑料排水板排水层与排水系统	第7.3.9条	6/6	抽查6处，合格6处	√
一般项目	1	塑料排水板排水层构造和施工工艺	第7.3.10条	/	隐蔽工程验收合格，记录编号××	√
	2	塑料排水板的长短边搭接宽度	均不应小于100mm	6/6	抽查6处，合格6处	100%
		塑料排水板接缝	第7.3.4条	6/6	抽查6处，合格6处	100%
	3	土工布铺设	第7.3.12条	/	/	/
		土工布的搭接宽度和搭接方法		/	/	/

施工单位检查结果	主控项目全部合格，一般项目满足规范要求。 专业工长：××× 项目专业质量检查员：××× ××年×月×日
监理单位验收结论	合格，同意验收。 专业监理工程师：××× ××年×月×日

表 4.1.44 塑料排水板排水检验批现场验收检查原始记录

共 1 页　第 1 页

单位（子单位）工程名称	筑业软件办公楼建设工程		验收日期	××年×月×日	
检验批名称	塑料排水板排水检验批		对应检验批编号	01080403001	
编号	验收项目	验收部位	验收情况记录		备注
主控项目 2	塑料排水板排水层与排水系统	车库顶板	检查 6 处，塑料排水板排水层与排水系统连通，无堵塞现场		
一般项目 2	塑料排水板的长短边搭接宽度	同上	120mm、135mm、130mm、125mm、120mm、110mm		
	塑料排水板接缝	同上	检查 6 处，接缝均采用配套胶粘剂黏结		

签字栏	专业监理工程师	专业质量检查员	专业工长
	×××	×××	×××

表 4.1.45　预注浆、后注浆检验批质量验收记录

01080501001

单位（子单位）工程名称	筑业软件办公楼建设工程	分部（子分部）工程名称	地基与基础/地下防水	分项工程名称	注浆
施工单位	××工程有限公司	项目负责人	×××	检验批容量	628m²
分包单位	/	分包单位项目负责人	/	检验批部位	地下一层 1～8/A～D 轴结构外墙
施工依据	《地下工程防水技术规范》GB 50108—2008		验收依据	《地下防水工程质量验收规范》GB 50208—2011	

		验收项目	设计要求及规范规定	最小/实际抽样数量	检查记录	检查结果
主控项目	1	配制浆液的原材料及配合比	第8.1.7条	/	质量证明文件齐全，检验合格，报告编号××	√
	2	预注浆和后注浆的注浆效果	第8.1.8条	/	检测合格，记录编号××	√
一般项目	1	注浆孔的数量、布置间距、钻孔深度及角度	第8.1.9条	/	隐蔽工程验收合格，记录编号××	√
	2	注浆各阶段的控制压力和注浆量	第8.1.10条	/	隐蔽工程验收合格，记录编号××	√
	3	注浆时浆液不得溢出地面和超出有效注浆范围	第8.1.11条	7/7	抽查7处，合格7处	100%
	4	注浆对地面产生的沉降量	≯30mm	7/7	抽查7处，合格7处	100%
		地面的隆起	≯20mm	/	/	/

施工单位检查结果	主控项目全部合格，一般项目满足规范要求。 专业工长：××× 项目专业质量检查员：××× ××年×月×日
监理单位验收结论	合格，同意验收。 专业监理工程师：××× ××年×月×日

表 4.1.46 预注浆、后注浆检验批现场验收检查原始记录

单位（子单位）工程名称	筑业软件办公楼建设工程		验收日期	××年×月×日
检验批名称	预注浆、后注浆检验批		对应检验批编号	01080501001

编号	验收项目	验收部位	验收情况记录	备注
一般项目 3	注浆时浆液不得溢出地面和超出有效注浆范围	地下一层 1～8/A～D 轴结构外墙	检查 7 处，浆液没有溢出地面	
一般项目 4	注浆对地面产生的沉降量	地下一层 1～2/A～B 轴结构外墙 地下一层 2～3/A～B 轴结构外墙 地下一层 3～5/A～B 轴结构外墙 地下一层 5～6/B～C 轴结构外墙 地下一层 5～6/C～D 轴结构外墙 地下一层 7～8/A～B 轴结构外墙 地下一层 7～8/B～C 轴结构外墙	25mm 24mm 23mm 20mm 18mm 15mm 17mm	

签字栏	专业监理工程师	专业质量检查员	专业工长
	×××	×××	×××

二、主体结构工程

表4.2.1　模板安装检验批质量验收记录

02010101001

单位（子单位）工程名称	筑业软件办公楼建设工程		分部（子分部）工程名称	主体结构/混凝土结构	分项工程名称		模板	
施工单位	××工程有限公司		项目负责人	×××	检验批容量		27间板，30件梁	
分包单位	/		分包单位项目负责人	/	检验批部位		2层1~8/A~D轴顶板、梁	
施工依据	《混凝土结构工程施工规范》GB 50666—2011			验收依据	《混凝土结构工程施工质量验收规范》GB 50204—2015			

		验收项目		设计要求及规范规定	最小/实际抽样数量	检查记录	检查结果
主控项目	1	模板及支架材料质量		第4.2.1条	/	进场检验合格	√
	2	现浇混凝土模板及支架安装质量		第4.2.2条	/	符合模板施工方案要求	√
	3	后浇带处的模板及支架独立设置		第4.2.3条	/	/	/
	4	支架竖杆和竖向模板安装在土层上时的要求		第4.2.4条	/	/	/
一般项目	1	模板安装的一般要求		第4.2.5条	/全	全数检查，模板接缝严密，模内无杂物	√
	2	隔离剂的品种和涂刷方法质量		第4.2.6条	/全	全数检验，脱模剂涂刷符合要求，合格证1份	√
	3	模板起拱高度		第4.2.7条	6/6	抽查3间板，3件梁，合格3间板，3件梁	100%
	4	现浇混凝土结构多层连续支模、支架的竖杆、垫板要求		第4.2.8条	/	/	/
	5	固定在模板上的预埋件和预留孔洞		第4.2.9条	3/3	抽查3间，合格3间	100%
	6	预埋件和预留孔洞安装允许偏差（mm）	预埋板中心线位置	3	/	/	/
			预埋管、预留孔中心线位置	3	3/3	抽查3间，合格3间	100%
			插筋　中心线位置	5	/	/	/
			插筋　外露长度	+10，0	/	/	/
			预埋螺栓　中心线位置	2	/	/	/
			预埋螺栓　外露长度	+10，0	/	/	/
			预留洞　中心线位置	10	/	/	/
			预留洞　尺寸	+10，0	/	/	/
	7	现浇结构模板安装允许偏差（mm）	轴线位置	5	3/3	抽查3件，合格3件	100%
			底模上表面标高	±5	6/6	抽查6件，合格6件	100%
			模板内部尺寸　基础	±10	/	/	/
			模板内部尺寸　柱、墙、梁	±5	3/3	抽查3件，合格3件	100%
			模板内部尺寸　楼梯相邻踏步高差	5	2/2	抽查2处，合格2处	100%
			柱、墙垂直度　层高≤6m	8	/	/	/
			柱、墙垂直度　层高>6m	10	/	/	/
			相邻模板表面高差	2	3/3	抽查3间，合格3间	100%
			表面平整度	5	3/3	抽查3间，合格3间	100%
施工单位检查结果		主控项目全部合格，一般项目满足规范要求。			专业工长：×××　项目专业质量检查员：×××　　　　　　　　　　　　　　××年×月×日		
监理单位验收结论		合格，同意验收。			专业监理工程师：×××　　　　　　　　　　　　　　××年×月×日		

表4.2.2 模板安装检验批现场验收检查原始记录

共1页 第1页

单位（子单位）工程名称	筑业软件办公楼建设工程		验收日期	××年×月×日
检验批名称	模板安装检验批		对应检验批编号	02010101001

编号	验收项目	验收部位	验收情况记录	备注
一般项目1	模板安装的一般要求	2层1~8/A~D轴顶板、梁	经现场检查，模板接缝严密，板内无杂物、积水，模板与混凝土的接触面平整、清洁	
一般项目2	隔离剂的品种和涂刷方法质量	同上	隔离剂涂刷未沾污钢筋和混凝土接槎处，未对环境造成污染	
一般项目3	模板起拱高度	4~5/A轴梁 5~6/B轴梁 3~4/D轴梁 4~5/A~B轴板 3~7/C~D轴板 2~5/B~C轴板	梁跨6000mm，现场实测起拱高度为6mm； 梁跨6000mm，现场实测起拱高度为6mm； 梁跨4200mm，现场实测起拱高度为4mm 6000mm×3300mm，最大起拱高度为6mm； 6000mm×3300mm，最大起拱高度为6mm； 4200mm×4200mm，最大起拱高度为4mm	
一般项目5	固定在模板上的预埋件和预留孔洞	1~3/A~B轴板 4~5/B~C轴板 7~8/C~D轴板	350mm×350mm； 350mm×350mm； 350mm×350mm	
一般项目6	预埋管、预留孔中心线位置	1~2/A~B轴板 3~4/B~C轴板 7~8/A~D轴板	偏差分别为0mm、2mm、1mm	
一般项目7	轴线位置	2~4/B~C轴板 4~5/A~B轴板 5~6/C~D轴板	偏差分别为2mm、4mm、2mm	
	底模上表面标高	2~3/A轴梁 3~4/B轴梁 4~5/B轴梁 2~4/A~B轴板 2~3/B~C轴板 7~8/C~D轴板	偏差分别为2mm、4mm、3mm、3mm、3mm、4mm	
	柱、墙、梁模板内部尺寸	2~4/C轴梁 4~5/B轴梁 6~8/D轴梁	200mm×1000mm 200mm×1000mm 200mm×450mm	
	楼梯相邻踏步高差模板内部尺寸	1~2/A~C轴	300mm×300mm 300mm×300mm	
	相邻模板表面高差	1~2/B~D轴板 2~5/A~B轴板 7~8/C~D轴板	偏差分别为2mm、1mm、1mm	
	表面平整度	1~2/C轴梁 2~4/D轴梁 7~8/B轴梁	偏差分别为4mm、2mm、3mm	

签字栏	专业监理工程师	专业质量检查员	专业工长
	×××	×××	×××

表 4.2.3 钢筋连接检验批质量验收记录

02010203001

单位（子单位）工程名称		筑业软件办公楼建设工程	分部（子分部）工程名称	主体结构/混凝土结构	分项工程名称		钢筋
施工单位		××工程有限公司	项目负责人	×××	检验批容量		25件
分包单位		/	分包单位项目负责人	/	检验批部位		2层1～8/A～D轴柱
施工依据		《混凝土结构工程施工规范》GB 50666—2011		验收依据	《混凝土结构工程施工质量验收规范》GB 50204—2015		

		验收项目	设计要求及规范规定	最小/实际抽样数量	检查记录	检查结果
主控项目	1	钢筋的连接方式	第5.4.1条	/	共25根柱，纵向钢筋接头均采用直螺纹套筒连	√
	2	机械连接或焊接连接接头的力学性能、弯曲性能	第5.4.2条	/	质量证明文件齐全，试验合格，报告编号××	√
	3	螺纹接头拧紧扭矩值，挤压接头压痕直径	第5.4.3条	/全	共25处，全部检查，合格25处	√
一般项目	1	钢筋接头的位置	第5.4.4条	/全	共25处，全部检查，合格25处	100%
	2	机械连接接头、焊接接头的外观质量	第5.4.5条	/全	共25处，全部检查，合格25处	100%
	3	机械连接接头、焊接接头的接头面积百分率	第5.4.6条	3/3	抽查3件，合格3件	100%
	4	绑扎搭接接头的设置	第5.4.7条	/	/	/
	5	搭接长度范围内的箍筋	第5.4.8条	/	/	/

施工单位检查结果	主控项目全部合格，一般项目满足规范要求。 专业工长：××× 项目专业质量检查员：××× ××年×月×日
监理单位验收结论	合格，同意验收。 专业监理工程师：××× ××年×月×日

表 4.2.4　钢筋连接检验批现场验收检查原始记录

单位（子单位）工程名称	筑业软件办公楼建设工程		验收日期	××年×月×日
检验批名称	钢筋连接检验批		对应检验批编号	02010203001
编号	验收项目	验收部位	验收情况记录	备注
主控项目 1	钢筋的连接方式	2层1~8/A~D轴柱	检查 25 根柱，纵向钢筋接头均采用直螺纹套筒连接	
主控项目 3	螺纹接头拧紧扭矩值，挤压接头压痕直径	同上	检查 25 根柱，其中直径 18mm 钢筋拧紧扭矩均大于 100N·m；直径 22mm、25mm 钢筋拧紧扭矩均大于 260N·m；其中直径 32mm 钢筋拧紧扭矩均大于 320N·m	
一般项目 1	钢筋接头的位置	同上	检查 25 根柱，接头位置符合设计要求。接头末端至钢筋弯起点的距离大于钢筋直径的 10 倍	
一般项目 2	机械连接接头、焊接接头的外观质量	同上	检查 25 根柱，接头表面无裂纹，螺牙饱满，无其他缺陷	
一般项目 3	机械连接接头、焊接接头的接头面积百分率	同上	检查 3 根柱，同一连接区段内纵向受力钢筋的接头面积百分率为 75%	
签字栏	专业监理工程师		专业质量检查员	专业工长
	×××		×××	×××

表 4.2.5 钢筋安装检验批质量验收记录

02010204001

单位（子单位）工程名称	筑业软件办公楼建设工程	分部（子分部）工程名称	主体结构/混凝土结构	分项工程名称	钢筋
施工单位	××工程有限公司	项目负责人	×××	检验批容量	27间板，30件梁
分包单位	/	分包单位项目负责人	/	检验批部位	二层1~8/A~D轴梁、板及楼梯
施工依据	《混凝土结构工程施工规范》GB 50666—2011		验收依据	《混凝土结构工程施工质量验收规范》GB 50204—2015	

		验收项目		设计要求及规范规定	最小/实际抽样数量	检查记录	检查结果
主控项目	1	受力钢筋的牌号、规格和数量		第5.5.1条	/	质量证明文件齐全，牌号、规格、数量符合要求	√
	2	受力钢筋安装位置、锚固方式		第5.5.2条	/全	共57件，全部检查，合格57件	√
一般项目	1	钢筋安装偏差（mm）	绑扎钢筋网 长、宽	±10	3/3	抽查3间，合格3间	100%
			网眼尺寸	±20	3/3	抽查3间，合格3间	100%
			绑扎钢筋骨架 长	±10	3/3	抽查3件，合格3件	100%
			宽、高	±5	3/3	抽查3件，合格3件	100%
			纵向受力钢筋 锚固长度	−20	3/3	抽查3件，合格3件	100%
			间距	±10	3/3	抽查3件，合格3件	100%
			排距	±5	/	/	/
			纵向受力钢筋、箍筋的混凝土保护层厚度 基础	±10	/	/	/
			柱、梁	±5	3/3	抽查3件，合格3件	100%
			板、墙、壳	±3	3/3	抽查3件，合格3件	100%
			绑扎箍筋、横向钢筋间距	±20	3/3	抽查3件，合格3件	100%
			钢筋弯起点位置	20	/	/	/
			预埋件 中心线位置	5	/	/	/
			水平高差	+3，0	/	/	/

施工单位检查结果	主控项目全部合格，一般项目满足规范要求。 专业工长：××× 项目专业质量检查员：××× ××年×月×日
监理单位验收结论	合格，同意验收。 专业监理工程师：××× ××年×月×日

表 4.2.6 钢筋安装检验批现场验收检查原始记录

单位（子单位）工程名称	筑业软件办公楼建设工程		验收日期	××年×月×日
检验批名称	钢筋安装检验批		对应检验批编号	02010204001

编号	验收项目	验收部位	验收情况记录	备注
主控项目 2	受力钢筋安装位置、锚固方式	二层 1~8/A~D 轴梁、板及楼梯	检查 57 件，安装牢固，安装位置、锚固方式符合设计要求	
一般项目 1	绑扎钢筋网： 长、宽 网眼尺寸	同上	5mm、8mm、7mm 11mm、12mm、9mm	
	绑扎钢筋骨架： 长 宽、高	同上	4mm、9mm、8mm 3mm、2mm、2mm	
	纵向受力钢筋： 锚固长度 间距	同上	−5mm、−7mm、−7mm 3mm、−2mm、7mm	
	纵向受力钢筋、箍筋的混凝土保护层厚度： 柱、梁 板、墙、壳	同上	3mm、−2mm、1mm 0mm、2mm、1mm	
	绑扎箍筋、横向钢筋间距	同上	11mm、14mm、17mm	
签字栏	专业监理工程师		专业质量检查员	专业工长
	×××		×××	×××

表 4.2.7 混凝土施工检验批质量验收记录

02010303001

单位（子单位）工程名称	筑业软件办公楼建设工程	分部（子分部）工程名称	主体结构/混凝土结构	分项工程名称	混凝土
施工单位	××工程有限公司	项目负责人	×××	检验批容量	65m³
分包单位	/	分包单位项目负责人	/	检验批部位	2层1～8/A～D轴墙体
施工依据	《混凝土结构工程施工规范》GB 50666—2011		验收依据	《混凝土结构工程施工质量验收规范》GB 50204—2015	

		验收项目	设计要求及规范规定	最小/实际抽样数量	检查记录	检查结果
主控项目	1	混凝土强度等级及试件的取样和留置	第7.4.1条	/	施工记录编号××，试验合格，试验编号××	√
一般项目	1	后浇带的留设位置，后浇带和施工缝的留设及处理方法	第7.4.2条	/全	共3处，全部检查，合格3处	100%
	2	养护措施	第7.4.3条	/全	养护措施到位，养护记录编号××	√

施工单位检查结果	主控项目全部合格，一般项目满足规范要求。 专业工长：××× 项目专业质量检查员：××× ××年×月×日
监理单位验收结论	合格，同意验收。 专业监理工程师：××× ××年×月×日

表4.2.8 混凝土施工检验批现场验收检查原始记录

单位（子单位）工程名称	筑业软件办公楼建设工程		验收日期	××年×月×日
检验批名称	混凝土施工检验批		对应检验批编号	02010303001
编号	验收项目	验收部位	验收情况记录	备注
一般项目1	后浇带的留设位置，后浇带和施工缝的留设及处理方法	2层1~8/A~D轴墙体	共3处，均留置在楼层结构底面，底部连接处混凝土浇筑前进行剔凿，并洒水湿润	
签字栏	专业监理工程师		专业质量检查员	专业工长
	×××		×××	×××

表4.2.9 现浇结构外观及尺寸偏差检验批质量验收记录

02010501001

单位（子单位）工程名称	筑业软件办公楼建设工程	分部（子分部）工程名称	主体结构/混凝土结构	分项工程名称	现浇结构
施工单位	××工程有限公司	项目负责人	×××	检验批容量	27间板，30件梁
分包单位	/	分包单位项目负责人	/	检验批部位	2层1～8/A～D轴顶板、梁
施工依据	《混凝土结构工程施工规范》GB 50666—2011		验收依据	《混凝土结构工程施工质量验收规范》GB 50204—2015	

		验收项目		设计要求及规范规定	最小/实际抽样数量	检查记录	检查结果
主控项目	1	外观质量		第8.2.1条	57/57	检查合格，记录编号××	√
	2	影响结构性能或使用功能的尺寸偏差		第8.3.1条	57/7	检查合格，记录编号××	√
一般项目	1	外观质量一般缺陷		第8.2.2条	/	检查合格，记录编号××	√
	2	现浇结构位置和尺寸（mm）	轴线位置 整体基础	15	/	/	/
			轴线位置 独立基础	10	/	/	/
			轴线位置 墙、柱、梁	8	3/3	抽查3件，合格3件	100%
			垂直度 层高 ≤6m	10	/	/	/
			垂直度 层高 >6m	12	/	/	/
			垂直度 全高（H）≤300m	H/30000+20	/	/	/
			垂直度 全高（H）>300m	H/10000且≤80	/	/	/
			标高 层高	±10	3/3	抽查3件，合格3件	100%
			标高 全高	±30	/	/	/
			截面尺寸 基础	+15，−10	/	/	/
			截面尺寸 柱、梁、板、墙	+10，−5	6/6	抽查6件，合格6件	100%
			楼梯相邻踏步高差	6	/	/	/
			电梯井 中心位置	10	/	/	/
			电梯井 长、宽尺寸	+25，0	/	/	/
			表面平整度	8	3/3	抽查3间，合格3间	100%
			预埋件中心位置 预埋板	10	/	/	/
			预埋件中心位置 预埋螺栓	5	/	/	/
			预埋件中心位置 预埋管	5	/	/	/
			预埋件中心位置 其他	10	/	/	/
			预留洞、孔中心线位置	15	3/3	抽查3间，合格3间	100%

施工单位检查结果	主控项目全部合格，一般项目满足规范要求。 专业工长：××× 项目专业质量检查员：××× ××年×月×日
监理单位验收结论	合格，同意验收。 专业监理工程师：××× ××年×月×日

表 4.2.10 现浇结构外观及尺寸偏差检验批现场验收检查原始记录

单位（子单位）工程名称	筑业软件办公楼建设工程		验收日期	××年×月×日	
检验批名称	现浇结构外观及尺寸偏差检验批		对应检验批编号	02010501001	
编号	验收项目	验收部位	验收情况记录		备注
主控项目 1	外观质量	2 层 1～8/A～D 轴顶板、梁	检查 27 间板，30 件梁，外观质量合格，无严重缺陷		
主控项目 2	影响结构性能或使用功能的尺寸偏差	同上	检查 27 间板，30 件梁，没有影响结构性能和使用功能的尺寸偏差		
一般项目 2	轴线位置（墙、柱、梁）	1～2/A 轴梁 4～5/C 轴梁 7～8/B 轴梁	设计尺寸为 6000mm，现场检查为 6000mm 设计尺寸为 6000mm，现场检查为 6001mm 设计尺寸为 4200mm，现场检查为 4202mm		
	标高（层高）	1～2/A～D 轴板 3～4/B～C 轴板 5～6/B～D 轴板	设计标高为 2900mm，现场实测为 2900mm 设计标高为 2900mm，现场实测为 2900mm 设计底模标高为 2800mm，现场实测为 2800mm		
	截面尺寸（柱、梁、板、墙）	1～2/B 轴梁 3～4/A 轴梁 5～6/C 轴梁 1～2/A～B 轴板 2～3/C～D 轴板 7～8/B～C 轴板	设计 200mm×1000mm，现场实测 200mm×900mm，板厚 100mm； 设计 200mm×1000mm，现场实测 200mm×900mm，板厚 100mm； 设计 200mm×450mm，现场实测 200mm×350mm，板厚 100mm； 设计 6000mm×3300，现场实测 6000mm×3300； 设计 6000mm×3300，现场实测 6000mm×3300； 设计 4200mm×4200，现场实测 4200mm×4200		
	表面平整度	2～3/A～B 轴板 3～4/C～D 轴板 5～7/B～C 轴板	现场测量，尺寸分别为 3mm、5mm、2mm		
	预留洞、孔中心线位置	2～4/A～C 轴板 5～6/A～B 轴板 7～8/C～D 轴板	现场测量，孔洞尺寸分别为 350mm×350mm、350mm×350mm、350mm×350mm		
签字栏	专业监理工程师		专业质量检查员	专业工长	
	×××		×××	×××	

表 4.2.11　装配式结构安装与连接检验批质量验收记录

02010602001

单位（子单位） 工程名称		筑业软件办公楼 建设工程	分部（子分部） 工程名称	主体结构/ 混凝土结构	分项工程名称		装配式结构
施工单位		××工程有限公司	项目负责人	×××	检验批容量		26件
分包单位		/	分包单位项目 负责人	/	检验批 部位		①～⑧//Ⓐ～Ⓕ轴 2层墙体
施工依据		《混凝土结构工程施工规范》 GB 50666—2011		验收依据	《混凝土结构工程施工质量验收规范》 GB 50204—2015		

		验收项目			设计要求及 规范规定	最小/实际 抽样数量	检查记录		检查 结果
主控项目	1	预制构件临时固定措施安装质量			第9.3.1条	/全	共26件，全部检查，合格26件		√
	2	钢筋采用套筒灌浆连接或浆锚搭接连接时，灌浆应饱满、密实			第9.3.2条	/	试验合格，报告编号××		√
	3	钢筋采用焊接连接时质量			第9.3.3条	/	/		/
	4	钢筋采用机械连接时质量			第9.3.4条	/	/		/
	5	预制构件采用焊接、螺栓连接等连接方式时，其材料性能及施工质量			第9.3.5条	/	/		/
	6	采用现浇混凝土连接构件时，构件连接处混凝土强度			第9.3.6条	/	/		/
	7	装配式施工后外观不应有严重缺陷，且不能影响结构性能和安装，使用功能的尺寸偏差			第9.3.7条	/全	共26件，全部检查，合格26件		√
一般项目	1	外观质量一般缺陷检查			第9.3.8条	/全	共26件，全部检查，合格26件		100%
	2	装配式结构构件位置和尺寸（mm）	构件轴线位置	竖向构件（柱、墙板、桁架）	8	3/3	抽查3件，合格3件		100%
				水平构件（梁、楼板）	5	/	/		/
			标高	梁、柱、墙板楼板底面或顶面	±5	3/3	抽查3件，合格3件		100%
			构件垂直度	柱、墙板安装后的高度	≤6m	5	3/3	抽查3件，合格3件	100%
					>6m	10	/	/	/
			构件倾斜度	梁、桁架	5	/	/		/
			相邻构件平整度	梁、楼板底面	外露	3	/	/	/
					不外露	5	/	/	/
				柱、墙板	外露	5	/	/	/
					不外露	8	3/3	抽查3件，合格3件	100%
			构件搁置长度	梁、板	±10	/	/		/
			支座、支垫中心位置	板、梁、柱、墙板、桁架	10	3/3	抽查3件，合格3件		100%
			墙板接缝宽度		±5	3/3	抽查3件，合格3件		100%

施工单位 检查结果	主控项目全部合格，一般项目满足规范要求。	专业工长：××× 项目专业质量检查员：××× ××年×月×日
监理单位 验收结论	合格，同意验收。	专业监理工程师：××× ××年×月×日

表4.2.12 装配式结构安装与连接检验批现场验收检查原始记录

单位（子单位）工程名称	筑业软件办公楼建设工程		验收日期	××年×月×日
检验批名称	装配式结构安装与连接检验批		对应检验批编号	02010602001

编号	验收项目	验收部位	验收情况记录	备注
主控项目1	预制构件临时固定措施安装质量	①～⑩/Ⓐ～Ⓕ轴2层墙体	检查26件，所有构件均加设临时支撑，每个构件的临时支撑不少于2道，支撑点距离底部的距离为1800mm	
主控项目7	装配式施工后外观缺陷（严重缺陷和一般缺陷）	同上	检查26件，所有构件安装前、后均进行观察检查，无缺陷	
一般项目1	外观质量一般缺陷检查	同上	检查26件，外观质量无一般缺陷	
一般项目2	构件轴线位置（竖向构件）	Ⓑ～Ⓒ/④轴 ④～⑤/Ⓐ轴 ⑤～⑥/Ⓓ轴	设计尺寸为1800mm，现场实测1805mm；设计尺寸为1200mm，现场实测1206mm；设计尺寸为1200mm，现场实测1205mm	
	标高	同上	设计底部标高均为2900mm，现场实测分别为2900mm、2902mm、2905mm	
	构件垂直度（≤6m）	同上	现场实测垂直度分别为4mm、3mm、3mm	
	相邻构件平整度	同上	现场实测平整度分别为6mm、4mm、5mm	
	支座、支垫中心位置	同上	现场实测，分别为5mm、4mm、2mm	
	墙板接缝宽度	同上	现场实测，分别为2mm、3mm、2mm	

签字栏	专业监理工程师	专业质量检查员	专业工长
	×××	×××	×××

表 4.2.13 装配式混凝土预制构件安装与连接检验批质量验收记录

02010601001

单位（子单位）工程名称	筑业软件办公楼建设工程	分部（子分部）工程名称	主体结构/混凝土结构	分项工程名称	装配式结构
施工单位	××工程有限公司	项目负责人	×××	检验批容量	15 件
分包单位	/	分包单位项目负责人	/	检验批部位	＋2.95～＋5.95m 墙板
施工依据	筑业软件办公楼建设工程施工组织设计		验收依据	《装配式混凝土建筑技术标准》GB/T 51231—2016	

		验收项目	设计要求及规范规定	最小/实际抽样数量	检查记录	检查结果
主控项目	1	预制构件临时固定措施	第11.3.1条	/全	共计15个构件，合格15个构件，全数合格	√
	2	装配式结构采用后浇混凝土连接时，构件连接处后浇混凝土的强度	第11.3.2条	/	/	/
	3	钢筋采用套筒灌浆连接、浆锚搭接连接时，灌浆应饱满、密实，所有出浆口均应出浆	第11.3.3条	/全	共计15个构件，合格15个构件，全数合格，施工检查记录编号××	√
	4	钢筋套筒灌浆连接及浆锚搭接连接用的灌浆料强度	第11.3.4条	/	灌浆料强度试验报告编号××，评定符合设计要求，评定记录编号××	√
	5	预制构件底部接缝座浆强度	设计要求	/	灌浆料强度试验报告编号××，评定符合设计要求，评定记录编号××	√
	6	钢筋采用机械连接时，其接头质量应符合 JGJ 107 有关规定	第11.3.6条	/	/	/
	7	钢筋采用焊接连接时，其焊缝的接头质量应符合 JGJ 18 有关规定	第11.3.7条	/	/	/
	8	预制构件采用型钢焊接连接时，型钢焊缝的接头质量应符合 GB 50661 和 GB 50205 有关规定	第11.3.8条	/	/	/
	9	预制构件采用螺栓连接时，螺栓的材质、规格、拧紧力矩应符合 GB 50017 和 GB 50205 有关规定	第11.3.9条	/	/	/
	10	装配式结构分项工程的外观质量不应有严重缺陷，且不得有影响结构性能和使用功能的尺寸偏差	第11.3.10条	/全	共计1个构件，合格1个构件，全数合格	√
	11	外墙板接缝的防水性能	设计要求	1/1	抽查1处，合格1处，淋水试验报告编号××	√

装配式混凝土预制构件安装与连接检验批质量验收记录

续表02010601001

		验收项目		设计要求及规范规定	最小/实际抽样数量	检查记录	检查结果
一般项目	1 预制构件安装尺寸的允许偏差（mm）	构件中心线对轴线位置	基础	15	/	/	/
			竖向构件（柱、墙、桁架）	8	3/3	抽查3件，合格3件	100%
			水平构件（梁、板）	5	/	/	/
		构件标高	梁、柱、墙、板底面或顶面	±5	3/3	抽查3件，合格3件	100%
		构件垂直度	柱、墙 ≤6m	5	3/3	抽查3件，合格3件	100%
			柱、墙 >6m	10	/	/	/
		构件倾斜度	梁、桁架	5	/	/	/
		相邻构件平整度	板端面	5	/	/	/
			梁、板、底面 外露	3	/	/	/
			梁、板、底面 不外露	5	/	/	/
			柱墙侧面 外露	5	3/3	抽查3件，合格3件	100%
			柱墙侧面 不外露	8	3/3	抽查3件，合格3件	100%
		构件搁置长度	梁、板	±10	/	/	/
		支座、支垫中心位置	板、梁、柱、墙、桁架	10	3/3	抽查3件，合格3件	100%
		墙板接缝	宽度	±5	3/3	抽查3件，合格3件	100%
	2	装配式混凝土建筑的饰面外观质量		第11.3.13条	3/3	抽查3件，合格3件	100%

施工单位检查结果	主控项目全部合格，一般项目满足规范要求。 专业工长：××× 项目专业质量检查员：××× ××年×月×日
监理单位验收结论	合格，同意验收。 专业监理工程师：××× ××年×月×日

表 4.2.14 装配式混凝土预制构件安装与连接检验批现场验收检查原始记录

共 1 页 第 1 页

单位（子单位）工程名称	筑业软件办公楼建设工程		验收日期	××年×月×日
检验批名称	装配式混凝土预制构件安装与连接检验批		对应检验批编号	02010602001

编号	验收项目	验收部位	验收情况记录	备注
主控项目1	预制构件临时固定措施	＋2.95～＋5.95m 15件墙板	检查15个构件，所有构件均加设临时支撑，每个构件的临时支撑不少于2道，支撑点距离底部的距离为1800mm	
一般项目1	构件中心线对轴线位置（竖向构件）	同上	5mm、6mm、4mm	
	构件标高	同上	3mm、3mm、4mm	
	构件垂直度（≤6m）	同上	1mm、1mm、2mm	
	相邻构件平整度：柱墙侧面外露 柱墙侧面不外露	同上	2mm、3mm、4mm 5mm、6mm、6mm	
	支座、支垫中心位置	同上	5mm、6mm、6mm	
	墙板接缝（宽度）	同上	1mm、1mm、2mm	
一般项目2	装配式混凝土建筑的饰面外观质量	同上	检查3件，符合设计要求	

签字栏	专业监理工程师	专业质量检查员	专业工长
	×××	×××	×××

表 4. 2. 15 混凝土小型空心砌块砌体检验批质量验收记录

02020201001

单位（子单位）工程名称	筑业软件办公楼建设工程	分部（子分部）工程名称	主体结构/砌体结构	分项工程名称	混凝土小型空心砌块砌体
施工单位	××工程有限公司	项目负责人	×××	检验批容量	50m³
分包单位	/	分包单位项目负责人	/	检验批部位	2层1～8/A～D轴墙体
施工依据	《砌体结构工程施工规范》GB 50924—2014		验收依据	《砌体结构工程施工质量验收规范》GB 50203—2011	

		验收项目		设计要求及规范规定	最小/实际抽样数量	检查记录	检查结果
主控项目	1	小砌块强度等级		设计要求	/	见证试验合格，报告编号××	√
		芯柱混凝土强度等级		设计要求	/	见证试验合格，报告编号××	√
		砂浆强度等级		设计要求	/	见证试验合格，报告编号××	√
	2	水平灰缝砂浆饱满度		≥90％	5/5	抽查5处，合格5处	√
		竖向灰缝砂浆饱满度			5/5	抽查5处，合格5处	√
	3	墙体转角处、纵横交接处		同时砌筑	5/5	抽查5处，合格5处	√
		斜槎留置		第6.2.3条	/	/	/
		施工洞孔直槎留置及砌筑			/	/	/
	4	芯柱贯通楼盖		第6.2.4条	/	/	/
		芯柱混凝土灌实			/	/	/
一般项目	1	水平灰缝厚度		8～12mm	5/5	抽查5处，合格5处	100％
		竖向灰缝宽度			5/5	抽查5处，合格5处	100％
	2	砖砌体尺寸、位置（mm）	轴线位移	10	/全	共16处，全部检查，合格16处	100％
			基础、墙、柱顶面标高	±15	5/5	抽查5处，合格5处	100％
			墙面垂直度 每层	5	5/5	抽查5处，合格5处	100％
			全高 ≤10m	10	/	/	
			全高 ＞10m	20	/	/	
			表面平整度 清水墙、柱	5	/	/	
			表面平整度 混水墙、柱	8	5/5	抽查5处，合格5处	100％
			水平灰缝平直度 清水墙	7	/	/	
			水平灰缝平直度 混水墙	10	5/5	抽查5处，合格5处	100％
			门窗洞口高、宽（后塞口）	±10	5/5	抽查5处，合格5处	100％
			外墙上下窗口偏移	20	5/5	抽查5处，合格5处	100％
			清水墙游丁走缝	20	/	/	

施工单位检查结果	主控项目全部合格，一般项目满足规范要求。 专业工长：××× 项目专业质量检查员：××× ××年×月×日
监理单位验收结论	合格，同意验收。 专业监理工程师：××× ××年×月×日

表 4.2.16 混凝土小型空心砌块砌体检验批现场验收检查原始记录

单位（子单位）工程名称	筑业软件办公楼建设工程		验收日期	××年×月×日	
检验批名称	混凝土小型空心砌块砌体检验批		对应检验批编号	02020201001	
编号	验收项目	验收部位	验收情况记录		备注
主控项目 2	水平灰缝砂浆饱满度	1～2/A 轴 3/C～D 轴 5/A～B 轴 6～7/D 轴 7～8/C 轴	经现场随机抽取 5 面墙体检查，饱满度分别为 90%、95%、85%、85%、90%		
	竖向灰缝砂浆饱满度	7～8/C 轴 6/A～B 轴 1/B～C 轴 1～3/A 轴 3～4/B 轴	经现场随机抽取 5 面墙体检查，饱满度分别为 95%、95%、95%、85%、90%		
主控项目 3	墙体转角处、纵横交接处	1～2/A 轴 3/B～C 轴 4/C～D 轴 4～5/A 轴 5～6/C 轴	墙体转角处和纵横交接处同时砌筑		
一般项目 1	水平灰缝厚度	1～2/A 轴 2/B～C 轴 3/C～D 轴 4～5/B 轴 7～8/D 轴	8mm、10mm、10mm、12mm、10mm		
	竖向灰缝宽度	1～2/A 轴 3/A～B 轴 4/C～D 轴 5～7/C 轴 7～8/A 轴	10mm、10mm、8mm、12mm、10mm		
一般项目 2	轴线位移	全部承重墙体	现场 16 面，承重墙体全部进行检查，最大偏差 8mm，最小偏差 0mm		
	基础、墙、柱顶面标高	1～2/A 轴 3/A～B 轴 4/C～D 轴 2～3/C 轴 6～7/B 轴	4mm、−2mm、4mm、3mm、−2mm		
签字栏	专业监理工程师		专业质量检查员		专业工长
	×××		×××		×××

混凝土小型空心砌块砌体检验批现场验收检查原始记录

共2页 第2页

单位（子单位）工程名称	筑业软件办公楼建设工程		验收日期	××年×月×日
检验批名称	混凝土小型空心砌块砌体检验批		对应检验批编号	02020201001

编号	验收项目	验收部位	验收情况记录	备注
一般项目2	墙面垂直度（每层）	1～2/A轴 3/B～C轴 4/C～D轴 5～6/B轴 7～8/C轴	3mm、2mm、4mm、4mm、4mm	
	表面平整度	1～2/A轴 3/B～C轴 4/A～D轴 5～6/C轴 7～8/D轴	6mm、5mm、7mm、4mm、6mm	
	水平灰缝平直度	1～2/A轴 3/B～C轴 4/C～D轴 5～6/A轴 7～8/B轴	4mm、5mm、3mm、4mm、3mm	
	门窗洞口高、宽（后塞口）	3～4/B轴 5/A～B轴 8/C～D轴 4～5/A轴 6～7/C轴	6mm、－5mm、8mm、－6mm、4m	
	外墙上下窗口偏移	1～2/A轴 3/B～C轴 4/C～D轴 7～8/A轴 7～8/C轴	12mm、15mm、16mm、14mm、12mm	
签字栏	专业监理工程师 ×××	专业质量检查员 ×××	专业工长 ×××	

表 4.2.17　填充墙砌体检验批质量验收记录

02020501001

单位（子单位）工程名称	筑业软件办公楼建设工程		分部（子分部）工程名称	主体结构/砌体结构	分项工程名称	填充墙砌体
施工单位	××工程有限公司		项目负责人	×××	检验批容量	220m³
分包单位	/		分包单位项目负责人	/	检验批部位	2层1～8/A～D轴墙体
施工依据	《砌体结构工程施工规范》GB 50924—2014			验收依据	《砌体结构工程施工质量验收规范》GB 50203—2011	

		验收项目		设计要求及规范规定	最小/实际抽样数量	检查记录	检查结果
主控项目	1	块材强度等级		设计要求	/	质量证明文件齐全，试验合格，报告编号××	√
		砂浆强度等级		设计要求	/	见证试验合格，报告编号××	√
	2	与主体结构连接		第9.2.2条	5/5	抽查5处，合格5处	√
	3	植筋实体检测		第9.2.3条	/	植筋拉拔试验合格，报告编号××	√
一般项目	1	填充墙砌体尺寸、位置(mm)	轴线位移	10	5/5	抽查5处，合格5处	100%
			垂直度（每层）≤3m	5	5/5	抽查5处，合格5处	100%
			垂直度（每层）>3m	10	/	/	/
			表面平整度	8	5/5	抽查5处，合格5处	100%
			门窗洞口高、宽（后塞口）	±10	5/5	抽查5处，合格5处	100%
			外墙上、下窗口偏移	20	5/5	抽查5处，合格5处	100%
	2	空心砖砌体砂浆饱满度	水平	≥80%	5/5	抽查5处，合格5处	100%
			垂直	填满砂浆，不得有透明缝、瞎缝、假缝	5/5	抽查5处，合格5处	100%
		蒸压加气混凝土砌块、轻骨料混凝土小型空心砌块砌体砂浆饱满度	水平	≥80%	/	/	/
			垂直	≥80%	/	/	/
	3	拉结筋、网片位置		第9.3.3条	5/5	抽查5处，合格5处	100%
		拉结筋、网片埋置长度		第9.3.3条	5/5	抽查5处，合格5处	100%
	4	搭砌长度		第9.3.4条	5/5	抽查5处，合格5处	100%
	5	水平灰缝厚度		第9.3.5条	5/5	抽查5处，合格5处	100%
		竖向灰缝宽度			5/5	抽查5处，合格5处	100%

施工单位检查结果	主控项目全部合格，一般项目满足规范要求。	专业工长：××× 项目专业质量检查员：××× ××年×月×日
监理单位验收结论	合格，同意验收。	专业监理工程师：××× ××年×月×日

表4.2.18 填充墙砌体检验批现场验收检查原始记录

单位（子单位）工程名称	筑业软件办公楼建设工程		验收日期	××年×月×日
检验批名称	填充墙砌体检验批		对应检验批编号	02020501001
编号	验收项目	验收部位	验收情况记录	备注
项目2	与主体结构连接	1～2/A轴、3/C～D轴、4/B～C轴、5～6/A轴、7～8/D轴	抽查5处，均连接可靠，符合设计要求	
一般项目1	轴线位移	同上	经现场测量，位移分别为6mm、5mm、5mm、3mm、6mm	
	垂直度（≤3m）	同上	2mm、3mm、4mm、3mm、2mm	
	表面平整度	1～2/B轴、3/C～D轴、4/B～C轴、5～6/B轴、7～8/A轴	6mm、3mm、5mm、6mm、4mm	
	门窗洞口高、宽（后塞口）	5～6/C轴、7/A～D轴、8/B～C轴、1～2/A轴、2～3/B轴	偏差分别为：2mm、5mm、6mm、5mm、4mm	
	外墙上、下窗口偏移	1/A～B轴、3～4/C轴、5～6/D轴、7～8/A轴、3～4/B轴	偏差分别为：6mm、5mm、4mm、8mm、6mm	
一般项目2	空心砖砌体砂浆饱满度（水平、垂直）	4～5/A轴、5/B～C轴、6/A～B轴、7～8/C轴、2～3/D轴	经现场检查，水平饱满度分别为90%、85%、85%、95%、90%；竖向灰缝填埋砂浆，无透明缝、瞎缝、假缝	
一般项目3	拉结筋、网片位置及埋置长度	1/A～B轴、2～3/C轴、4～5/A轴、7～8/B轴、5～6/B轴	结钢筋的位置与块体皮数相符合，拉结钢筋置于灰缝中，埋置长度符合设计要求	
一般项目4	搭砌长度	1/A～B轴、4～5/A轴、3～4/C轴、6～7/B轴、7～8/A轴	错缝搭砌，搭砌长度为蒸压加气混凝土砌块的1/3	
一般项目5	水平灰缝厚度	1/A～B轴、2～3/C轴、3～4/D轴、5～6/B轴、7～8/A轴	采用水泥混合砂浆砌筑，水平灰缝厚度分别为8mm、10mm、12mm、8mm、10mm	
	竖向灰缝宽度	1/A～C轴、3～4/B轴、7～8/A轴、5～6/B轴、2～3/C轴	采用水泥混合砂浆砌筑，竖向灰缝宽度分别为8mm、10mm、12mm、8mm、10mm	
签字栏	专业监理工程师		专业质量检查员	专业工长
	×××		×××	×××

表 4.2.19　钢结构（钢结构焊接）分项工程检验批质量验收记录

02030101001

单位（子单位）工程名称	筑业软件办公楼建设工程	分部（子分部）工程名称	主体结构/钢结构	分项工程名称	钢结构焊接
施工单位	××工程有限公司	项目负责人	×××	检验批容量	焊缝：50 条
分包单位	/	分包单位项目负责人	/	检验批部位	1#宴会大厅
施工依据	《钢结构工程施工规范》GB 50755—2012		验收依据	《钢结构工程施工质量验收标准》GB 50205—2020	

		验收项目	设计要求及规范规定	最小/实际抽样数量	检查记录	检查结果
主控项目	1	焊接材料进场	第 4.6.1 条	/	质量证明文件齐全，材料进场验收记录××	√
	2	焊接材料复验	第 4.3.2 条	/	质量证明文件齐全，材料进场验收记录××	√
	3	材料匹配	第 5.2.1 条	/	质量证明文件齐全，材料进场验收记录××	√
	4	焊工证书	第 5.2.2 条	/	焊工执证上岗，并在其认可范围内施焊	√
	5	焊接工艺评定	第 5.2.3 条	/	焊接工艺评定报告，编号××	√
	6	内部缺陷	第 5.2.4 条第 5.2.5 条	/	磁粉探伤报告，编号××	√
	7	组合焊缝尺寸	第 5.2.6 条	5/5	抽查 5 条，合格 5 条	√
一般项目	1	焊接材料进场	第 4.6.5 条	10/10	抽查 10 包，合格 10 包	100%
	2	预热或后热处理	第 5.2.9 条	/	工艺试验报告，编号××	√
	3	焊缝外观质量	第 5.2.7 条	3/3	抽查 3 件，每件 3 条，每条 3 处，共 12 处，合格 12 处	100%
	4	焊缝外观尺寸偏差	第 5.2.8 条	3/3	抽查 3 件，每件 3 条，每条 3 处，共 12 处，合格 12 处	100%

施工单位检查结果	主控项目全部合格，一般项目满足规范要求。　　专业工长：××× 项目专业质量检查员：××× ××年×月×日
监理单位验收结论	合格，同意验收。　　专业监理工程师：××× ××年×月×日

表 4.2.20 钢结构（钢结构焊接）分项工程检验批现场验收检查原始记录

共 1 页　第 1 页

单位（子单位）工程名称	筑业软件办公楼建设工程		验收日期	××年×月×日
检验批名称	钢结构焊接检验批		对应检验批编号	02030101001

编号	验收项目	验收部位	验收情况记录	备注
主控项目 7	组合焊缝尺寸	1#宴会大厅	检查 5 处，焊脚尺寸符合设计要求，在允许偏差范围内	
一般项目 3	焊缝外观质量	同上	共检查 12 处，焊缝饱满，无咬边、表面夹渣、气孔等现象	
一般项目 4	焊缝外观尺寸偏差	同上	共检查 12 处，对接焊缝偏差分别为：1mm、0mm、0mm、2mm、1mm、0mm、1mm、1mm、0mm、1mm、1mm、0mm	

签字栏	专业监理工程师	专业质量检查员	专业工长
	×××	×××	×××

表 4.2.21 装配式木结构制作安装检验批质量验收记录

02010603001

单位（子单位）工程名称	筑业软件办公楼建设工程	分部（子分部）工程名称	主体结构/装配式木结构	分项工程名称	木结构制作安装
施工单位	××工程有限公司	项目负责人	×××	检验批容量	60m²
分包单位	/	分包单位项目负责人	/	检验批部位	一层安保岗亭
施工依据	筑业软件办公楼建设工程施工组织设计		验收依据	《装配式木结构建筑技术标准》GB/T 51233—2016	

		验收项目	设计要求及规范规定	最小/实际抽样数量	检查记录	检查结果
主控项目	1	预制组件使用的结构用木材	第11.2.1条	/	全数检查，合格证明文件5份，实物与设计文件要求相符	√
	2	装配式木结构的结构形式、结构布置和构件截面尺寸	第11.2.2条	/	全数检查，实物与设计文件要求相符	√
	3	安装组件所需的预埋件的位置、数量及连接方式	设计要求	/全	共计36处，合格36处，全数合格	√
	4	预制组件的连接件类别、规格和数量	第11.2.4条	/全	共计86处，合格86处，全数合格	√
	5	现场装配连接点的位置和连接件的类别、规格及数量	第11.2.5条	/全	共计86处，合格86处，全数合格	√
	6	胶合木构件、轻型木结构含水率	第11.2.6条	/	检测试验报告编号××，符合设计及规范要求	√
	7	胶合木受弯构件应做荷载效应标准组合作用下的抗弯性能见证检验	第11.2.7条	/	检测试验报告编号××，符合设计及规范要求	√
	8	胶合木弧形构件的曲率半径及其偏差	第11.2.8条	/全	共计36处，合格36处，全数合格	√
	9	装配式轻型木结构和装配式正交胶合木结构的承重墙、剪力墙、柱、楼盖、屋盖布置、抗倾覆措施及屋盖抗掀起措施	第11.2.9条	/全	共计36处，合格36处，全数合格	√

装配式木结构制作安装检验批质量验收记录

<table>
<tr><td colspan="2">验收项目</td><td>设计要求及
规范规定</td><td>最小/实际
抽样数量</td><td>检查记录</td><td>检查
结果</td></tr>
<tr><td rowspan="11">一般项目</td><td>1</td><td>装配式木结构的尺寸
偏差</td><td>第11.3.1条</td><td>/全</td><td>共计154处，合格154处，
全数合格</td><td>100%</td></tr>
<tr><td>2</td><td>螺栓连接预留孔尺寸</td><td>第11.3.2条</td><td>/全</td><td>共计68件，合格68件，
全数合格</td><td>100%</td></tr>
<tr><td>3</td><td>预制木结构建筑混凝土
基础平整度</td><td>第11.3.3条</td><td>/全</td><td>共计6处，合格6处，
全数合格</td><td>100%</td></tr>
<tr><td>4</td><td>预制墙体、楼盖、屋盖
组件内填充材料</td><td>第11.3.4条</td><td>/全</td><td>质量证明文件齐全，
材料进场验收记录××</td><td>√</td></tr>
<tr><td>5</td><td>预制木结构建筑外墙的
防水防潮层</td><td>第11.3.5条</td><td>/全</td><td>检查合格，施工记录××</td><td>√</td></tr>
<tr><td>6</td><td>装配式木结构胶合木构
件的构造及外观检验</td><td>第11.3.6条</td><td>/全</td><td>共计8处，合格8处，
全数合格</td><td>100%</td></tr>
<tr><td>7</td><td>装配式木结构中木骨架
组合墙体</td><td>第11.3.7条</td><td>/全</td><td>共计6处，合格6处，
全数合格</td><td>100%</td></tr>
<tr><td>8</td><td>装配式木结构中楼盖
体系</td><td>第11.3.8条</td><td>/全</td><td>共计2处，合格2处，
全数合格</td><td>100%</td></tr>
<tr><td>9</td><td>装配式木结构中屋面
体系</td><td>第11.3.9条</td><td>/全</td><td>共计2处，合格2处，
全数合格</td><td>100%</td></tr>
<tr><td>10</td><td>预制梁柱组件的制作与
安装偏差宜分别按梁、柱
构件检查验收</td><td>第11.3.10条</td><td>/全</td><td>共计2处，合格2处，
全数合格</td><td>100%</td></tr>
<tr><td>11</td><td>预制轻型木结构墙体、
楼盖、屋盖的制作与安装
偏差</td><td>第11.3.11条</td><td>/全</td><td>共计8处，合格8处，
全数合格</td><td>100%</td></tr>
<tr><td colspan="2">施工单位
检查结果</td><td colspan="4">主控项目全部合格，一般项目满足规范要求。

专业工长：×××
项目专业质量检查员：×××
　　　　　　　　　　　　×××年×月×日</td></tr>
<tr><td colspan="2">监理单位
验收结论</td><td colspan="4">合格，同意验收。

专业监理工程师：×××
　　　　　　　　　　　×××年×月×日</td></tr>
</table>

表4.2.22 装配式木结构制作安装检验批现场验收检查原始记录

单位（子单位）工程名称	筑业软件办公楼建设工程		验收日期	××年×月×日	
检验批名称	装配式木结构制作安装检验批		对应检验批编号	02010603001	
编号	验收项目	验收部位	验收情况记录		备注
主控项目1	预制组件使用的结构用木材	一层安保岗亭	检查60m²，符合设计要求		
主控项目2	装配式木结构的结构形式、结构布置和构件截面尺寸	同上	检查60m²，符合设计要求		
主控项目3	安装组件所需的预埋件的位置、数量及连接方式	同上	检查36处，符合设计要求		
主控项目4	预制组件的连接件类别、规格和数量	同上	检查86处，符合设计要求		
主控项目5	现场装配连接点的位置和连接件的类别、规格及数量	同上	检查86处，符合设计要求		
主控项目8	胶合木弧形构件的曲率半径及其偏差	同上	检查36处，胶合木弧形构件的曲率半径及其偏差符合设计要求，层板厚度小于曲率半径的8‰		
主控项目9	装配式轻型木结构和装配式正交胶合木结构的承重墙、剪力墙、柱、楼盖、屋盖布置、抗倾覆措施及屋盖抗掀起措施	同上	检查36处，符合设计要求		
一般项目1	装配式木结构的尺寸偏差	同上	检查154处，符合设计要求		
一般项目2	螺栓连接预留孔尺寸	同上	检查68处，符合设计要求		
一般项目3	预制木结构建筑混凝土基础平整度	同上	检查6处，符合设计要求		
一般项目6	装配式木结构胶合木构件的构造及外观检验	同上	检查8处，符合设计要求		
一般项目7	装配式木结构中木骨架组合墙体	同上	检查6处，符合设计要求		
一般项目8	装配式木结构中楼盖体系	同上	检查2处，符合设计要求		
一般项目9	装配式木结构中屋面体系	同上	检查2处，符合设计要求		
一般项目10	预制梁柱组件的制作与安装偏差宜分别按梁、柱构件检查验收	同上	检查2处，符合设计要求		
一般项目11	预制轻型木结构墙体、楼盖、屋盖的制作与安装偏差	同上	检查8处，符合设计要求		
签字栏	专业监理工程师		专业质量检查员		专业工长
	×××		×××		×××

三、建筑装饰装修工程

表 4.3.1 一般抹灰检验批质量验收记录

03010101001

单位（子单位）工程名称	筑业软件办公楼建设工程		分部（子分部）工程名称	建筑装饰装修/抹灰	分项工程名称		一般抹灰	
施工单位	××工程有限公司		项目负责人	×××	检验批容量		30 间	
分包单位	/		分包单位项目负责人	/	检验批部位		一层办公室	
施工依据	《抹灰砂浆技术规程》JGJ/T 220—2010			验收依据	《建筑装饰装修工程质量验收标准》GB 50210—2018			

		验收项目		设计要求及规范规定		最小/实际抽样数量	检查记录		检查结果
主控项目	1	材料品种和性能		第4.2.1条		/	质量证明文件齐全，材料进场验收记录××		√
	2	基层表面		第4.2.2条		3/3	检查合格，施工记录××		√
	3	应分层进行；加强措施		第4.2.3条		3/3	检查合格，隐蔽工程验收记录××		√
	4	层黏结及面层质量		第4.2.4条		3/3	检查合格，施工记录××		√
一般项目	1	表面质量		第4.2.5条		3/3	抽查3间，合格3间		100%
	2	细部质量		第4.2.6条		3/3	抽查3间，合格3间		100%
	3	层与层间材料要求层总厚度		第4.2.7条		3/3	检查合格，施工记录××		√
	4	分格缝		第4.2.8条		/	/		/
	5	滴水线（槽）		第4.2.9条		/	/		/
	6	允许偏差（mm）	项目	普通抹灰√	高级抹灰				
			立面垂直度	4	3	3/3	抽查3间，合格3间		100%
			表面平整度	4	3	3/3	抽查3间，合格3间		100%
			阴阳角方正	4	3	3/3	抽查3间，合格3间		100%
			分格条（缝）直线度	4	3	/	/		/
			墙裙、勒脚上口直线度	4	3	3/3	抽查3间，合格3间		100%
施工单位检查结果	主控项目全部合格，一般项目满足规范要求。			专业工长：×××项目专业质量检查员：×××　　　　　　　　　　　　××年×月×日					
监理单位验收结论	合格，同意验收。			专业监理工程师：×××　　　　　　　　　　　　××年×月×日					

注：1　普通抹灰，本表第3项阴角方正可不检查；
　　2　顶棚抹灰，本表第2项表面平整度可不检查，但应平顺。

表 4.3.2 一般抹灰检验批现场验收检查原始记录

单位（子单位）工程名称	筑业软件办公楼建设工程		验收日期	××年×月×日	
检验批名称	一般抹灰检验批		对应检验批编号	03010101001	
编号	验收项目	验收部位	验收情况记录		备注
一般项目 1	表面质量	一层办公室	检查 3 间，表面光滑、洁净、接槎平整，分格缝清晰		
一般项目 2	细部质量	同上	检查 3 间，护角、孔洞、槽、盒周围的抹灰表面整齐、光滑；管道后面的抹灰表面平整		
一般项目 6	立面垂直度	一层 101 一层 107 一层 112	3mm 2mm 3mm		
	表面平整度	同上	3mm 2mm 3mm		
	阴阳角方正	同上	3mm 3mm 3mm		
	墙裙、勒脚上口直线度	一层 101 一层 107 一层 109	3mm 3mm 1mm		
签字栏	专业监理工程师		专业质量检查员		专业工长
	×××		×××		×××

表 4.3.3 外墙砂浆防水检验批质量验收记录

03020101001

单位（子单位）工程名称	筑业软件办公楼建设工程	分部（子分部）工程名称	建筑装饰装修/外墙防水	分项工程名称	外墙砂浆防水
施工单位	××工程有限公司	项目负责人	×××	检验批容量	800m²
分包单位	/	分包单位项目负责人	/	检验批部位	建筑物东立面 ±0.000m～+15.000m
施工依据	《建筑外墙防水工程技术规程》JGJ/T 235—2011		验收依据	《建筑装饰装修工程质量验收标准》GB 50210—2018	

		验收项目	设计要求及规范规定	最小/实际抽样数量	检查记录	检查结果
主控项目	1	材料品种和性能	第5.2.1条	/	质量证明文件齐全，材料进场验收记录××	√
	2	细部做法要求	第5.2.2条	8/8	检查合格，隐蔽工程验收记录××	√
	3	不得有渗漏现象	第5.2.3条	8/8	试验合格，淋水试验记录××	√
	4	防水层与基层粘贴质量	第5.2.4条	8/8	抽查8处，合格8处	√
一般项目	1	表面质量	第5.2.5条	8/8	抽查8处，合格7处	87.5%
	2	施工缝位置及方法要求	第5.2.6条	8/8	抽查8处，合格8处	100%
	3	防水层厚度要求	第5.2.7条	8/8	检查合格，施工记录××	√

施工单位检查结果	主控项目全部合格，一般项目满足规范要求。 专业工长：××× 项目专业质量检查员：××× ××年×月×日
监理单位验收结论	合格，同意验收。 专业监理工程师：××× ××年×月×日

表 4.3.4 外墙砂浆防水检验批现场验收检查原始记录

单位（子单位）工程名称	筑业软件办公楼建设工程		验收日期	××年×月×日
检验批名称	外墙砂浆防水检验批		对应检验批编号	03020101001

编号	验收项目	验收部位	验收情况记录	备注
主控项目 4	防水层与基层粘贴质量	建筑物东立面±0.000m～+15.000m	检查 8 处，粘贴牢固，无空鼓	
一般项目 1	表面质量	同上	检查 8 处，表面密实、平整，无裂纹、起砂和麻面等缺陷	
一般项目 2	施工缝位置及方法要求	同上	检查 8 处，符合设计要求	

签字栏	专业监理工程师	专业质量检查员	专业工长
	×××	×××	×××

表 4.3.5 钢门窗安装检验批质量验收记录

03030201001

单位（子单位）工程名称	筑业软件办公楼建设工程	分部（子分部）工程名称	建筑装饰装修/门窗	分项工程名称	金属门窗安装
施工单位	××工程有限公司	项目负责人	×××	检验批容量	60樘
分包单位	/	分包单位项目负责人	/	检验批部位	1~5层东侧外窗
施工依据	《住宅装饰装修工程施工规范》GB 50327—2001		验收依据	《建筑装饰装修工程质量验收标准》GB 50210—2018	

		验收项目		设计要求及规范规定	最小/实际抽样数量	检查记录	检查结果
主控项目	1	品种、类型、规格、尺寸、性能、开启方向、安装位置、连接方式及门窗的型材壁厚规定		第6.3.1条	/	质量证明文件齐全，材料进场验收记录××	√
		防雷、防腐处理及填嵌、密封处理			6/6	检查合格，隐蔽工程验收记录××	√
	2	框和附框安装及预埋件连接		第6.3.2条	6/6	检查合格，隐蔽工程验收记录××	√
	3	门窗扇安装		第6.3.3条	6/6	抽查6樘，合格6樘	√
	4	配件质量及安装		第6.3.4条	6/6	抽查6樘，合格6樘	√
一般项目	1	表面质量		第6.3.5条	6/6	抽查6樘，合格6樘	100%
	2	推拉门窗扇开关力不应大于50N		第6.3.6条	6/6	抽查6樘，合格6樘	100%
	3	框与墙体间缝隙及表面质量		第6.3.7条	6/6	抽查6樘，合格6樘	100%
	4	扇密封胶条或毛毡密封条安装质量		第6.3.8条	6/6	抽查6樘，合格6樘	100%
	5	排水孔要求		第6.3.9条	6/6	抽查6樘，合格6樘	100%

			项目		留缝限值(mm)	允许偏差(mm)		
一般项目	6	钢门窗安装留缝限值及允许偏差	门窗槽口宽度、高度	≤1500mm	—	2	/	/
				>1500mm	—	3	6/6	抽查6樘，合格6樘 100%
			门窗槽口对角线长度差	≤2000mm	—	3	/	/
				>2000mm	—	4	6/6	抽查6樘，合格6樘 100%
			门窗框的正、侧面垂直度		—	3	6/6	抽查6樘，合格6樘 100%
			门窗横框的水平度		—	3	6/6	抽查6樘，合格6樘 100%
			门窗横框标高		—	5	6/6	抽查6樘，合格6樘 100%
			门窗竖向偏离中心		—	4	6/6	抽查6樘，合格6樘 100%
			双层门窗内外框间距		—	5	/	/
			门窗框、扇配合间隙		≤2	—	6/6	抽查6樘，合格6樘 100%
			平开门窗框扇搭接宽度	门	≥6	—	/	/
				窗	≥4	—	6/6	抽查6樘，合格6樘 100%
			推拉门窗框搭接宽度		≥6	—	/	/
			无下框时门扇与地面间留缝		4~8	—	/	/

施工单位检查结果	主控项目全部合格，一般项目满足规范要求。	专业工长：××× 项目专业质量检查员：××× ××年×月×日
监理单位验收结论	合格，同意验收。	专业监理工程师：××× ××年×月×日

表 4.3.6 钢门窗安装检验批现场验收检查原始记录

单位（子单位）工程名称	筑业软件办公楼建设工程		验收日期	××年×月×日	
检验批名称	钢门窗安装检验批		对应检验批编号	03030201001	
编号	验收项目	验收部位	验收情况记录		备注
主控项目 3	门窗扇安装	1～5 层东侧外窗	检查 6 樘，安装牢固、开关灵活、关闭严密、无倒翘		
主控项目 4	配件质量及安装	同上	检查 6 樘，规格型号符合设计要求，安装牢固、位置正确，满足功能要求		
一般项目 1	表面质量	同上	检查 6 樘，表面平整光滑无锈蚀、擦伤等现象		
一般项目 2	推拉门窗扇开关力	首层 102、2 层 204、3 层 301、3 层 303、4 层 402、5 层 503	45N、38N、42N、41N、44N、36N		
一般项目 3	框与墙体间缝隙及表面质量	1～5 层东侧外窗	检查 6 樘，缝隙填嵌饱满，密封胶表面光滑、顺直、无裂纹		
一般项目 4	扇密封胶条或毛毡密封条安装质量	同上	检查 6 樘，金属门窗扇的密封胶条装配平整、完好，不脱槽，交角处平顺		
一般项目 5	排水孔要求	同上	检查 6 樘，排水孔畅通，位置和数量符合设计要求		
一般项目 6	门窗槽口宽度、高度	首层 102、2 层 204、3 层 301、3 层 303、4 层 402、5 层 503	2mm、2mm、1mm、1mm、1mm、2mm		
	门窗槽口对角线长度差	同上	2mm、2mm、1mm、1mm、1mm、2mm		
	门窗框的正、侧面垂直度	同上	2mm、2mm、1mm、1mm、1mm、2mm		
	门窗横框的水平度	同上	2mm、2mm、1mm、1mm、1mm、2mm		
	门窗横框的标高	同上	2mm、2mm、1mm、1mm、1mm、2mm		
	门窗竖向偏离中心	同上	2mm、2mm、1mm、1mm、1mm、2mm		
	门窗框、扇配合间隙	同上	0、0、0、0、0、0		
	平开门窗框扇搭接宽度：窗	同上	0、0、0、0、0、0		
签字栏	专业监理工程师		专业质量检查员	专业工长	
	×××		×××	×××	

表 4.3.7 板块面层吊顶检验批质量验收记录

03040101001

单位（子单位） 工程名称	筑业软件办公楼 建设工程	分部（子分部） 工程名称	建筑装饰 装修/吊顶	分项工程 名称	板块面层吊顶
施工单位	××工程有限公司	项目负责人	×××	检验批容量	30 间
分包单位	/	分包单位项目 负责人	/	检验批 部位	四层
施工依据	《住宅装饰装修工程施工规范》 GB 50327—2001		验收依据	《建筑装饰装修工程质量验收标准》 GB 50210—2018	

		验收项目				设计要求及 规范规定	最小/实际 抽样数量	检查记录	检查 结果
主控项目	1	标高、尺寸、起拱、造型				第 7.3.1 条	3/3	抽查 3 间，合格 3 间	√
	2	面层材料的材质、品种、 规格、图案、颜色和性能				第 7.3.2 条	/	质量证明文件齐全， 材料进场验收记录××	√
	3	面板安装及龙骨搭接宽度要求				第 7.3.3 条	3/3	抽查 3 间，合格 3 间	√
	4	吊杆、龙骨材质间距及 连接方式、防腐处理				第 7.3.4 条	3/3	检查合格，隐蔽 工程验收记录××	√
	5	吊杆和龙骨安装				第 7.3.5 条	3/3	检查合格，隐蔽工程 验收记录××	√
一般项目	1	面层安装及表面质量				第 7.3.6 条	3/3	抽查 3 间，合格 3 间	100%
	2	灯具等设备要求				第 7.3.7 条	3/3	抽查 3 间，合格 3 间	100%
	3	龙骨接缝及表面要求				第 7.3.8 条	3/3	抽查 3 间，合格 3 间	100%
	4	填充材料品种和 铺设厚度要求				第 7.3.9 条	3/3	检查合格，隐蔽工程 验收记录××	√
	5	安装 允许 偏差 （mm）	项目	石膏 板√	金属板	矿棉板	木板、塑料 板、玻璃板、 复合板			
			表面平整度	3	2	3	2	3/3	抽查 3 间，合格 3 间	100%
			接缝直线度	3	2	3	3	3/3	抽查 3 间，合格 3 间	100%
			接缝高低差	1	1	2	1	3/3	抽查 3 间，合格 3 间	100%

施工单位 检查结果	主控项目全部合格，一般项目满足规范要求。	专业工长：××× 项目专业质量检查员：××× ××年×月×日
监理单位 验收结论	合格，同意验收。	专业监理工程师：××× ××年×月×日

表 4.3.8 板块面层吊顶检验批现场验收检查原始记录

共 1 页 第 1 页

单位（子单位）工程名称	筑业软件办公楼建设工程		验收日期	××年×月×日
检验批名称	板块面层吊顶检验批		对应检验批编号	03040201001

编号	验收项目	验收部位	验收情况记录	备注
主控项目 1	标高、尺寸、起拱、造型	四层 402/405/408	吊顶标高、尺寸、起拱和造型符合设计要求	
主控项目 3	面板安装及龙骨搭接宽度要求	同上	检查 3 间，安装稳固严密，面板与龙骨的搭接宽度大于龙骨受力面宽度的 2/3	
一般项目 1	面层安装及表面质量	同上	洁净、无裂缝及缺损	
一般项目 2	灯具等设备要求	同上	合理、美观，与面板的交接吻合、严密	
一般项目 3	龙骨接缝及表面要求	同上	平整、吻合、颜色一致，无划伤和擦伤等表面缺陷	
一般项目 5	表面平整度	同上	1mm、2mm、1mm	
	接缝直线度	同上	1mm、2mm、2mm	
	接缝高低差	同上	0.6mm、0.7mm、0.2mm	

签字栏	专业监理工程师	专业质量检查员	专业工长
	×××	×××	×××

131

表 4.3.9 板材隔墙检验批质量验收记录

03050101001

单位（子单位）工程名称	筑业软件办公楼建设工程	分部（子分部）工程名称	建筑装饰装修/轻质隔墙	分项工程名称	板材隔墙
施工单位	××工程有限公司	项目负责人	×××	检验批容量	10 间
分包单位	/	分包单位项目负责人	/	检验批部位	三层
施工依据	《住宅装饰装修工程施工规范》GB 50327—2001		验收依据	《建筑装饰装修工程质量验收标准》GB 50210—2018	

		验收项目	设计要求及规范规定	最小/实际抽样数量	检查记录	检查结果
主控项目	1	板材品种、规格、颜色和性能	第8.2.1条	/	质量证明文件齐全，材料进场验收记录××	√
	2	预埋件、连接件位置和数量及连接方法要求	第8.2.2条	3/3	检查合格，隐蔽工程验收记录××	√
	3	板材安装牢固	第8.2.3条	3/3	抽查3间，合格3间	√
	4	接缝材料品种及接缝方法要求	第8.2.4条	3/3	检查合格，施工记录××	√
	5	板材无裂缝、缺损；板材安装位置	第8.2.5条	3/3	抽查3间，合格3间	√

		验收项目		设计要求及规范规定	最小/实际抽样数量	检查记录	检查结果
一般项目	1	表面质量		第8.2.6条	3/3	抽查3间，合格3间	100%
	2	孔洞、槽、盒位置及套割质量		第8.2.7条	3/3	抽查3间，合格3间	100%

		安装允许偏差（mm）	项目	复合轻质墙板 金属夹芯板	复合轻质墙板 其他复合板	石膏空心板	增强水泥板、混凝土轻质板√			
一般项目	3		立面垂直度	2	3	3	3	3/3	抽查3间，合格3间	100%
			表面平整度	2	3	3	3	3/3	抽查3间，合格3间	100%
			阴阳角方正	3	3	3	4	3/3	抽查3间，合格3间	100%
			接缝高低差	1	2	3	3	3/3	抽查3间，合格3间	100%

施工单位检查结果	主控项目全部合格，一般项目满足规范要求。　　　　　　专业工长：×××　　　　　　　　　　　　　　　　　　项目专业质量检查员：×××　　　　　　　　　　　　　　　　　　　　　　　　××年×月×日
监理单位验收结论	合格，同意验收。　　　　　　专业监理工程师：×××　　　　　　　　　　　　　　　　　××年×月×日

表 4.3.10 板材隔墙检验批现场验收检查原始记录

共 1 页 第 1 页

单位（子单位）工程名称	筑业软件办公楼建设工程		验收日期	××年×月×日
检验批名称	板材隔墙检验批		对应检验批编号	03050101001
编号	验收项目	验收部位	验收情况记录	备注
主控项目 3	板材安装牢固	三层 304/306/308	抽查 3 间，安装牢固	
主控项目 5	板材无裂缝、缺损；板材安装位置	同上	抽查 3 间，安装位置正确，板材无裂缝和缺损	
一般项目 1	表面质量	同上	抽查 3 间，光洁、平顺、色泽一致，接缝均匀、顺直	
一般项目 2	孔洞、槽、盒位置及套割质量	同上	抽查 3 间，位置正确、套割方正、边缘整齐	
一般项目 3	立面垂直度	同上	1mm、1mm、1mm	
	表面平整度	同上	1mm、2mm、1mm	
	阴阳角方正	同上	3mm、2mm、3mm	
	接缝高低差	同上	2mm、1mm、1mm	

签字栏	专业监理工程师	专业质量检查员	专业工长
	×××	×××	×××

表 4.3.11 石板安装检验批质量验收记录

03060101001

单位（子单位）工程名称	筑业软件办公楼建设工程	分部（子分部）工程名称	建筑装饰装修/饰面板	分项工程名称	石板安装
施工单位	××工程有限公司	项目负责人	×××	检验批容量	10间
分包单位	/	分包单位项目负责人	/	检验批部位	三层
施工依据	《住宅装饰装修工程施工规范》GB 50327—2001		验收依据	《建筑装饰装修工程质量验收标准》GB 50210—2018	

		验收项目	设计要求及规范规定	最小/实际抽样数量	检查记录	检查结果
主控项目	1	石板品种、规格、颜色和性能	第9.2.1条	/	质量证明文件齐全，材料进场验收记录××	√
	2	孔、槽、位置、尺寸要求	第9.2.2条	3/3	检查合格，施工记录××	√
	3	预埋件（后置埋件）、连接件的材质、数量、规格、位置、连接方法和防腐处理；后置埋件的拉拔力检测；石板安装应牢固	第9.2.3条	3/3	检查合格，隐蔽工程验收记录××	√
	4	满粘法施工石板与基体黏结质量	第9.2.4条	/	/	/
一般项目	1	表面质量	第9.2.5条	3/3	抽查3间，合格3间	100%
	2	石板填缝	第9.2.6条	3/3	抽查3间，合格3间	100%
	3	湿作业施工要求	第9.2.7条	3/3	检查合格，施工记录××	√
	4	孔洞套割	第9.2.8条	3/3	抽查3间，合格3间	100%

		项目	光面√	剁斧石	蘑菇石			
一般项目	5 石板安装允许偏差（mm）	立面垂直度	2	3	3	3/3	抽查3间，合格3间	100%
		表面平整度	2	3	—	3/3	抽查3间，合格3间	100%
		阴阳角方正	2	4	4	3/3	抽查3间，合格3间	100%
		接缝直线度	2	4	4	3/3	抽查3间，合格3间	100%
		墙裙、勒脚上口直线度	2	3	3	3/3	抽查3间，合格3间	100%
		接缝高低差	1	3	—	3/3	抽查3间，合格3间	100%
		接缝宽度	1	2	2	3/3	抽查3间，合格3间	100%

施工单位检查结果	主控项目全部合格，一般项目满足规范要求。 专业工长：××× 项目专业质量检查员：××× ××年×月×日
监理单位验收结论	合格，同意验收。 专业监理工程师：××× ××年×月×日

表 4.3.12 石板安装检验批现场验收检查原始记录

单位（子单位）工程名称	筑业软件办公楼建设工程		验收日期	××年×月×日
检验批名称	石板安装检验批		对应检验批编号	03060101001

编号	验收项目	验收部位	验收情况记录	备注
一般项目 1	表面质量	三层 301/308/309	抽查 3 间，平整、洁净、色泽一致，无裂痕和缺损	
一般项目 2	石板填缝	同上	抽查 3 间，密实、平直，宽度和深度符合设计要求	
一般项目 4	孔洞套割	同上	抽查 3 间，套割吻合，边缘整齐	
一般项目 5	立面垂直度	同上	1mm、1mm、1mm	
	表面平整度	同上	1mm、1mm、1mm	
	阴阳角方正	同上	0mm、1mm、1mm	
	接缝直线度	同上	1mm、1mm、1mm	
	墙裙、勒脚上口直线度	同上	1mm、1mm、1mm	
	接缝高低差	同上	0.5mm、0.2mm、0mm	
	接缝宽度	同上	0.5mm、0.2mm、0.5mm	

签字栏	专业监理工程师	专业质量检查员	专业工长
	×××	×××	×××

表 4.3.13　内墙饰面砖粘贴检验批质量验收记录

03070201001

单位（子单位）工程名称		筑业软件办公楼建设工程	分部（子分部）工程名称	建筑装饰装修/饰面砖	分项工程名称		内墙饰面砖粘贴
施工单位		××工程有限公司	项目负责人	×××	检验批容量		10 间
分包单位		/	分包单位项目负责人	/	检验批部位		三层
施工依据		《住宅装饰装修工程施工规范》GB 50327—2001		验收依据		《建筑装饰装修工程质量验收标准》GB 50210—2018	

		验收项目	设计要求及规范规定	最小/实际抽样数量	检查记录	检查结果
主控项目	1	饰面砖品种、规格、图案、颜色、性能	第10.2.1条	/	质量证明文件齐全，材料进场验收记录××	√
	2	内墙找平、防水、粘结和填缝材料及施工方法	第10.2.2条	3/3	检查合格，隐蔽工程验收记录××	√
	3	饰面砖黏贴牢固	第10.2.3条	3/3	检查合格，施工记录××	√
	4	满粘法施工要求	第10.2.4条	3/3	抽查3间，合格3间	√
一般项目	1	饰面砖表面质量	第10.2.5条	3/3	抽查3间，合格3间	100%
	2	墙面凸出物周围	第10.2.6条	3/3	抽查3间，合格3间	100%
	3	饰面砖接缝质量	第10.2.7条	3/3	抽查3间，合格3间	100%
	4	黏贴允许偏差（mm）　立面垂直度	2	3/3	抽查3间，合格3间	100%
		表面平整度	3	3/3	抽查3间，合格3间	100%
		阴阳角方正	3	3/3	抽查3间，合格3间	100%
		接缝直线度	2	3/3	抽查3间，合格3间	100%
		接缝高低差	1	3/3	抽查3间，合格3间	100%
		接缝宽度	1	3/3	抽查3间，合格3间	100%

施工单位检查结果	主控项目全部合格，一般项目满足规范要求。　专业工长：××× 项目专业质量检查员：××× ××年×月×日
监理单位验收结论	合格，同意验收。 专业监理工程师：××× ××年×月×日

表 4.3.14　内墙饰面砖粘贴检验批现场验收检查原始记录

单位（子单位）工程名称	筑业软件办公楼建设工程		验收日期		××年×月×日
检验批名称	内墙饰面砖粘贴检验批		对应检验批编号		03070201001
编号	验收项目	验收部位	验收情况记录		备注
主控项目 4	满粘法施工要求	三层 301/303/308	抽查 3 间，饰面砖无裂缝、大面和阳角无空鼓		
一般项目 1	饰面砖表面质量	同上	抽查 3 间，平整、洁净、色泽一致，无裂痕和缺损		
一般项目 2	墙面凸出物周围	同上	抽查 3 间，套割吻合、边缘整齐		
一般项目 3	饰面砖接缝质量	同上	抽查 3 间，平直、光滑，填嵌连续、密实		
一般项目 4	立面垂直度	同上	1mm、1mm、1mm		
	表面平整度	同上	1mm、2mm、1mm		
	阴阳角方正	同上	1mm、2mm、1mm		
	接缝直线度	同上	1mm、1mm、1mm		
	接缝高低差	同上	0mm、0.8mm、0.5mm		
	接缝宽度	同上	0mm、0.8mm、0.5mm		
签字栏	专业监理工程师		专业质量检查员		专业工长
	×××		×××		×××

表 4.3.15 水性涂料涂饰检验批质量验收记录

03090101001

单位（子单位）工程名称	筑业软件办公楼建设工程	分部（子分部）工程名称	建筑装饰装修/涂饰	分项工程名称	水性涂料涂饰
施工单位	××工程有限公司	项目负责人	×××	检验批容量	30 间
分包单位	/	分包单位项目负责人	/	检验批部位	一层办公室
施工依据	《建筑涂饰工程施工及验收规程》JGJ/T 29—2015		验收依据	《建筑装饰装修工程质量验收标准》GB 50210—2018	

		验收项目		设计要求及规范规定	最小/实际抽样数量	检查记录	检查结果
主控项目	1	涂料品种、型号、性能		第12.2.1条	/	质量证明文件齐全，材料进场验收记录××	√
	2	涂饰颜色、光泽、图案		第12.2.2条	3/3	抽查3间，合格3间	√
	3	涂饰均匀、牢固、无漏涂、透底、开裂、起皮和掉粉		第12.2.3条	3/3	抽查3间，合格3间	√
	4	基层处理		第12.2.4条	3/3	检查合格，施工记录编号××	√
一般项目	1	与其他材料和设备衔接处		第12.2.8条	3/3	抽查3间，合格3间	100%
	2	薄涂料涂饰质量	颜色 普通涂饰	均匀一致	3/3	抽查3间，合格3间	100%
			颜色 高级涂饰	均匀一致	/	/	/
			光泽光滑 普通涂饰	光泽基本均匀，光滑无挡手感	3/3	抽查3间，合格3间	100%
			光泽光滑 高级涂饰	光泽均匀一致，光滑	/	/	/
			泛碱咬色 普通涂饰	允许少量轻微	3/3	抽查3间，合格3间	100%
			泛碱咬色 高级涂饰	不允许	/	/	/
			流坠疙瘩 普通涂饰	允许少量轻微	3/3	抽查3间，合格3间	100%
			流坠疙瘩 高级涂饰	不允许	/	/	/
			砂眼刷纹 普通涂饰	允许少量轻微砂眼、刷纹通顺	3/3	抽查3间，合格3间	100%
			砂眼刷纹 高级涂饰	无砂眼、无刷纹	/	/	/
	3	厚涂料涂饰质量	颜色 普通涂饰	均匀一致	/	/	/
			颜色 高级涂饰	均匀一致	/	/	/
			光泽 普通涂饰	光泽基本均匀	/	/	/
			光泽 高级涂饰	光泽均匀一致	/	/	/
			泛碱咬色 普通涂饰	允许少量轻微	/	/	/
			泛碱咬色 高级涂饰	不允许	/	/	/
			点状分布 普通涂饰	—	/	/	/
			点状分布 高级涂饰	疏密均匀	/	/	/

水性涂料涂饰检验批质量验收记录

续表 03090101001

<table>
<tr><td colspan="3" rowspan="2">验收项目</td><td rowspan="2">设计要求及
规范规定</td><td rowspan="2">最小/实际
抽样数量</td><td rowspan="2">检查记录</td><td rowspan="2">检查
结果</td></tr>
<tr></tr>
<tr><td rowspan="16">一般项目</td><td rowspan="4">4</td><td rowspan="4">复层涂料涂饰质量</td><td>颜色</td><td>均匀一致</td><td>/</td><td>/</td><td>/</td></tr>
<tr><td>光泽</td><td>光泽基本均匀</td><td>/</td><td>/</td><td>/</td></tr>
<tr><td>泛碱、咬色</td><td>不允许</td><td>/</td><td>/</td><td>/</td></tr>
<tr><td>喷点疏密程度</td><td>均匀，不允许连片</td><td>/</td><td>/</td><td>/</td></tr>
<tr><td rowspan="12">5</td><td rowspan="12">水性涂料涂饰允许偏差（mm）</td><td rowspan="3">项目</td><td colspan="2">薄涂料</td><td colspan="2">厚涂料</td><td rowspan="3">复层涂料</td><td rowspan="3"></td><td rowspan="3"></td><td rowspan="3"></td></tr>
<tr><td>普通涂饰</td><td>高级涂饰</td><td>普通涂饰</td><td>高级涂饰</td></tr>
<tr><td>✓</td><td></td><td></td><td></td></tr>
<tr><td>立面垂直度</td><td>3</td><td>2</td><td>4</td><td>3</td><td>5</td><td>3/3</td><td>抽查3间，合格3间</td><td>100%</td></tr>
<tr><td>表面平整度</td><td>3</td><td>2</td><td>4</td><td>3</td><td>5</td><td>3/3</td><td>抽查3间，合格3间</td><td>100%</td></tr>
<tr><td>阴阳角方正</td><td>3</td><td>2</td><td>4</td><td>3</td><td>4</td><td>3/3</td><td>抽查3间，合格3间</td><td>100%</td></tr>
<tr><td>装饰线、
分色线
直线度</td><td>2</td><td>1</td><td>2</td><td>1</td><td>3</td><td>/</td><td>/</td><td>/</td></tr>
<tr><td>墙裙、勒脚
上口直线度</td><td>2</td><td>1</td><td>2</td><td>1</td><td>3</td><td>3/3</td><td>抽查3间，合格3间</td><td>100%</td></tr>
<tr><td colspan="3">施工单位
检查结果</td><td colspan="6">主控项目全部合格，一般项目满足规范要求。

　　　　　　　　　　专业工长：×××
　　　　　　　　　　项目专业质量检查员：×××
　　　　　　　　　　　　　　　　　　××年×月×日</td></tr>
<tr><td colspan="3">监理单位
验收结论</td><td colspan="6">合格，同意验收。

　　　　　　　　　　专业监理工程师：×××
　　　　　　　　　　　　　　　　　　××年×月×日</td></tr>
</table>

表 4.3.16 水性涂料涂饰检验批现场验收检查原始记录

单位（子单位）工程名称	筑业软件办公楼建设工程		验收日期	××年×月×日
检验批名称	水性涂料涂饰检验批		对应检验批编号	03090101001

编号	验收项目	验收部位	验收情况记录	备注
主控项目 2	涂饰颜色、光泽、图案	一层办公室 101/107/109	抽查 3 间，颜色、光泽、图案符合设计要求	
主控项目 3	涂饰质量	同上	抽查 3 间，涂饰均匀、黏结牢固，无漏涂、透底、开裂、起皮和掉粉	
一般项目 1	与其他材料和设备衔接处	同上	抽查 3 间，衔接处吻合，界面清晰	
一般项目 2	薄涂料涂饰质量	同上	抽查 3 间，颜色均匀一致、表面光滑、轻微咬色，无流坠、刷纹等现象	
一般项目 5	立面垂直度	同上	2mm、1mm、1mm	
	表面平整度	同上	2mm、1mm、1mm	
	阴阳角方正	同上	1mm、1mm、1mm	
	墙裙、勒脚上口直线度	同上	2mm、1mm、1mm	
签字栏	专业监理工程师 ×××	专业质量检查员 ×××	专业工长 ×××	

表 4.3.17　裱糊检验批质量验收记录

03100101001

单位（子单位）工程名称		筑业软件办公楼建设工程	分部（子分部）工程名称	建筑装饰装修/裱糊与软包	分项工程名称	裱糊
施工单位		××工程有限公司	项目负责人	×××	检验批容量	30 间
分包单位		/	分包单位项目负责人	/	检验批部位	一层办公室
施工依据		《住宅装饰装修工程施工规范》GB 50327—2001		验收依据	《建筑装饰装修工程质量验收标准》GB 50210—2018	

		验收项目	设计要求及规范规定	最小/实际抽样数量	检查记录	检查结果
主控项目	1	材料种类、规格、图案、颜色和燃烧性	第13.2.1条	/	质量证明文件齐全，材料进场验收记录××	√
	2	基层处理	第13.2.2条	5/5	检查合格，隐蔽验收记录××	√
	3	各幅拼接	第13.2.3条	5/5	抽查5间，合格5间	√
	4	壁纸、墙布粘贴质量	第13.2.4条	5/5	抽查5间，合格5间	√
一般项目	1	裱糊表面质量	第13.2.5条	5/5	抽查5间，合格5间	100%
	2	复合压花壁纸和发泡壁纸的压痕或发泡层质量	第13.2.6条	/	/	/
	3	与装饰线、设备线盒交接	第13.2.7条	5/5	抽查5间，合格5间	100%
	4	壁纸、墙布边缘	第13.2.8条	5/5	抽查5间，合格5间	100%
	5	壁纸、墙布阴、阳角无接缝	第13.2.9条	5/5	抽查5间，合格5间	100%
	6	允许偏差（mm）　表面平整度	3	5/5	抽查5间，合格5间	100%
		立面垂直度	3	5/5	抽查5间，合格5间	100%
		阴阳角方正	3	5/5	抽查5间，合格5间	100%

施工单位检查结果	主控项目全部合格，一般项目满足规范要求。　　　专业工长：×××　　项目专业质量检查员：×××　　　　　　　　　　　　××年×月×日
监理单位验收结论	合格，同意验收。　　　专业监理工程师：×××　　　　　　　　　　　××年×月×日

表 4.3.18 裱糊检验批现场验收检查原始记录

单位（子单位）工程名称	筑业软件办公楼建设工程		验收日期	××年×月×日
检验批名称	裱糊检验批		对应检验批编号	03100101001

编号	验收项目	验收部位	验收情况记录	备注
主控项目3	各幅拼接	一层办公室101、102、103、107、109	查5间，横平竖直，拼接处花纹、图案吻合，不离缝、不搭接、不显拼缝	
主控项目4	壁纸、墙布粘贴质量	同上	查5间，粘贴牢固，无漏贴、补贴、脱层、空鼓和翘边	
一般项目1	裱糊表面质量	同上	查5间，表面平整，无波纹起伏、气泡、裂缝、皱折；表面色泽一致，无斑污，斜视时无胶痕	
一般项目3	与装饰线、设备线盒交接	同上	查5间，交接处吻合、严密、顺直。与墙面上电气槽、盒的交接处套割吻合，无缝隙	
一般项目4	壁纸、墙布边缘	同上	查5间，平直整齐，无纸毛、飞刺	
一般项目5	壁纸、墙布阴、阳角无接缝	同上	查5间，顺光搭接，阳角处无接缝	
一般项目6	表面平整度	同上	2mm、1mm、1mm、1mm、2mm	
	立面垂直度	同上	1mm、1mm、1mm、1mm、2mm	
	阴阳角方正	同上	1mm、1mm、0mm、1mm、2mm	

签字栏	专业监理工程师	专业质量检查员	专业工长
	×××	×××	×××

表 4.3.19　门窗套制作与安装检验批质量验收记录

03110301001

单位（子单位）工程名称	筑业软件办公楼建设工程	分部（子分部）工程名称	建筑装饰装修/细部	分项工程名称	门窗套制作与安装
施工单位	××工程有限公司	项目负责人	×××	检验批容量	30 间
分包单位	/	分包单位项目负责人	/	检验批部位	一层办公室
施工依据	《住宅装饰装修工程施工规范》GB 50327—2001	验收依据		《建筑装饰装修工程质量验收标准》GB 50210—2018	

		验收项目	设计要求及规范规定	最小/实际抽样数量	检查记录	检查结果
主控项目	1	材料材质、规格、花纹、颜色、性能、有害物质限量及木材燃烧性能和含水率规定	第 14.4.1 条	/	质量证明文件齐全，材料进场验收记录××	√
	2	造型、尺寸及固定方法	第 14.4.2 条	3/3	抽查 3 间，合格 3 间	√
一般项目	1	表面质量	第 14.4.3 条	3/3	抽查 3 间，合格 3 间	100％
	2	安装允许偏差（mm） 正、侧面垂直度	3	3/3	抽查 3 间，合格 3 间	100％
		门窗套上口水平度	1	3/3	抽查 3 间，合格 3 间	100％
		门窗套上口直线度	3	3/3	抽查 3 间，合格 3 间	100％

施工单位检查结果	主控项目全部合格，一般项目满足规范要求。 专业工长：××× 项目专业质量检查员：××× 　　　　　　　　　　　××年×月×日
监理单位验收结论	合格，同意验收。 专业监理工程师：××× 　　　　　　　　　　　××年×月×日

143

表 4.3.20 门窗套制作与安装检验批现场验收检查原始记录

共 1 页　第 1 页

单位（子单位）工程名称	筑业软件办公楼建设工程		验收日期	××年×月×日
检验批名称	门窗套制作与安装检验批		对应检验批编号	03110301001

编号	验收项目	验收部位	验收情况记录	备注
主控项目 2	造型、尺寸及固定方法	一层办公室 101/104/107	检查 3 间，符合设计要求，安装牢固	
一般项目 1	表面质量	同上	检查 3 间，表面平整、洁净，线条顺直、接缝严密、色泽一致，无裂缝、翘曲及损坏	
一般项目 2	正、侧面垂直度	同上	2mm、1mm、2mm	
	门窗套上口水平度	同上	0.5mm、0mm、0mm	
	门窗套上口直线度	同上	2mm、2mm、2mm	

签字栏	专业监理工程师	专业质量检查员	专业工长
	×××	×××	×××

表 4.3.21　隔离层检验批质量验收记录

03120109001

单位（子单位）工程名称	筑业软件办公楼建设工程	分部（子分部）工程名称	建筑装饰装修/建筑地面	分项工程名称	基层铺设
施工单位	××工程有限公司	项目负责人	×××	检验批容量	12 间
分包单位	/	分包单位项目负责人	/	检验批部位	首层卫生间
施工依据	装饰装修施工方案		验收依据	《建筑地面工程施工质量验收规范》GB 50209—2010	

		验收项目	设计要求及规范规定	最小/实际抽样数量	检查记录	检查结果
主控项目	1	材料质量	第 4.10.9 条	/	质量证明文件齐全，材料进场验收记录××	√
	2	材料进场复验	第 4.10.10 条	/	试验合格，报告编号××	√
	3	隔离层设置要求	第 4.10.11 条	4/4	抽查 4 间，合格 4 间	√
	4	水泥类隔离层防水性能	第 4.10.12 条	/	/	
	5	防水层防水要求	第 4.10.13 条	/	防水工程试水检查记录，编号××	√
一般项目	1	隔离层厚度	设计要求	4/4	抽查 4 间，合格 4 间	100%
	2	隔离层与下一层黏结	第 4.10.15 条	4/4	抽查 4 间，合格 4 间	100%
		防水涂层		/	/	/
	3	隔离层表面允许偏差（mm） 表面平整度	3	4/4	抽查 4 间，合格 4 间	100%
		标高	±4	4/4	抽查 4 间，合格 4 间	100%
		坡度	≤2/1000L，且≤30	4/4	抽查 4 间，合格 4 间	100%
		厚度	≤1/10H，且≤20	4/4	抽查 4 间，合格 4 间	100%

施工单位检查结果	主控项目全部合格，一般项目满足规范要求。　专业工长：××× 项目专业质量检查员：××× ××年×月×日
监理单位验收结论	合格，同意验收。　专业监理工程师：××× ××年×月×日

表4.3.22 隔离层检验批现场验收检查原始记录

单位（子单位）工程名称	筑业软件办公楼建设工程		验收日期	××年×月×日
检验批名称	隔离层检验批		对应检验批编号	03120109001

编号	验收项目	验收部位	验收情况记录	备注
主控项目3	隔离层设置要求	1层卫生间	检查4间，均设置防水隔离层，预留孔洞位置准确	
一般项目1	隔离层厚度		检查4间，厚度符合设计要求	
一般项目2	隔离层与下一层黏结		检查4间，黏结牢固，无空鼓现象	
一般项目3	表面平整度	1层101卫生间 1层102卫生间 1层103卫生间 1层104卫生间	1mm 2mm 1mm 1mm	
	标高		1mm －2mm 3mm 1mm	
	坡度		3mm 3mm 3mm 2mm	L：4000mm
	厚度		1mm 2mm 1mm 2mm	

签字栏	专业监理工程师	专业质量检查员	专业工长
	×××	×××	×××

四、屋面工程

表 4.4.1　找坡层检验批质量验收记录

04010101001

单位（子单位）工程名称	筑业软件办公楼建设工程	分部（子分部）工程名称	屋面/基层与保护	分项工程名称	找坡层
施工单位	××工程有限公司	项目负责人	×××	检验批容量	200m²
分包单位	/	分包单位项目负责人	/	检验批部位	2～8/C～F轴上人屋面
施工依据	《屋面工程技术规范》GB 50345—2012		验收依据	《屋面工程质量验收规范》GB 50207—2012	

		验收项目	设计要求及规范规定	最小/实际抽样数量	检查记录	检查结果
主控项目	1	材料质量及配合比	设计要求	/	材料进场质量证明文件齐全，现场见证取样合格，试验编号××	√
	2	排水坡度	设计要求	3/3	抽查3处，合格3处	√
一般项目	1	找坡层表面平整度允许偏差	7mm	3/3	抽查3处，合格3处	100%

施工单位检查结果	主控项目全部合格，一般项目满足规范要求。 专业工长：××× 项目专业质量检查员：××× ××年×月×日
监理单位验收结论	合格，同意验收。 专业监理工程师：××× ××年×月×日

表4.4.2 找坡层检验批现场验收检查原始记录

单位（子单位）工程名称	筑业软件办公楼建设工程		验收日期	××年×月×日	
检验批名称	找坡层检验批		对应检验批编号	04010101001	
编号	验收项目	验收部位	验收情况记录		备注
主控项目2	排水坡度	2～3/C～F轴上人屋面 3～4/C～F轴上人屋面 7～8/C～F轴上人屋面	3％ 3％ 3％		设计：3％
一般项目1	找坡层表面平整度	同上	4mm 3mm 4mm		
签字栏	专业监理工程师		专业质量检查员		专业工长
	×××		×××		×××

表 4.4.3　板状材料保温层检验批质量验收记录

04020101001

单位（子单位）工程名称	筑业软件办公楼建设工程	分部（子分部）工程名称	屋面/保温与隔热	分项工程名称	板状材料保温层
施工单位	××工程有限公司	项目负责人	×××	检验批容量	200m²
分包单位	/	分包单位项目负责人	/	检验批部位	2～8/C～F轴上人屋面
施工依据	《屋面工程技术规范》GB 50345—2012		验收依据	《屋面工程质量验收规范》GB 50207—2012	

		验收项目	设计要求及规范规定	最小/实际抽样数量	检查记录	检查结果
主控项目	1	材料质量	设计要求	/	材料进场质量证明文件齐全，现场见证取样合格，试验编号××	√
	2	保温层的厚度	设计要求	3/3	抽查3处，合格3处	√
	3	屋面热桥部位处理	设计要求	3/3	抽查3处，合格3处	√
一般项目	1	保温材料铺设	第5.2.7条	3/3	抽查3处，合格3处	100%
	2	固定件设置	第5.2.8条	3/3	抽查3处，合格3处	100%
	3	表面平整度允许偏差	5mm	3/3	抽查3处，合格3处	100%
	4	接缝高低差允许偏差	2mm	3/3	抽查3处，合格3处	100%

施工单位检查结果	主控项目全部合格，一般项目满足规范要求。 专业工长：××× 项目专业质量检查员：××× ××年×月×日
监理单位验收结论	合格，同意验收。 专业监理工程师：××× ××年×月×日

表 4.4.4 板状材料保温层检验批现场验收检查原始记录

单位（子单位）工程名称	筑业软件办公楼建设工程		验收日期	××年×月×日
检验批名称	板状材料保温层检验批		对应检验批编号	04020101001

编号	验收项目	验收部位	验收情况记录	备注
主控项目 2	保温层的厚度	2～3/C～F 轴上人屋面 4～5/C～F 轴上人屋面 7～8/C～F 轴上人屋面	＋1mm ＋1mm ＋2mm	
主控项目 3	屋面热桥部位处理	2～8/C～F 轴上人屋面	检查 3 处，均符合设计要求	
一般项目 1	保温材料铺设	2～8/C～F 轴上人屋面	检查 3 处，铺设紧贴基层，铺平垫稳，拼缝严密，粘贴牢固	
一般项目 2	固定件设置	2～8/C～F 轴上人屋面	检查 3 处，规格、数量和位置均符合设计要求；垫片与保温层表面齐平	
一般项目 3	表面平整度允许偏差	2～3/C～F 轴上人屋面 4～5/C～F 轴上人屋面 7～8/C～F 轴上人屋面	3mm 2mm 3mm	
一般项目 4	接缝高低差允许偏差	同上	1mm 1mm 0mm	
签字栏	专业监理工程师		专业质量检查员	专业工长
	×××		×××	×××

表 4.4.5 卷材防水层检验批质量验收记录

04030101001

单位（子单位）工程名称	筑业软件办公楼建设工程	分部（子分部）工程名称	屋面/防水与密封	分项工程名称	卷材防水层
施工单位	××工程有限公司	项目负责人	×××	检验批容量	600m²
分包单位	/	分包单位项目负责人	/	检验批部位	2～8/C～F轴上人屋面
施工依据	《屋面工程技术规范》GB 50345—2012		验收依据	《屋面工程质量验收规范》GB 50207—2012	

		验收项目	设计要求及规范规定	最小/实际抽样数量	检查记录	检查结果
主控项目	1	防水卷材及其配套材料的质量	设计要求	/	质量证明文件齐全，试验合格，报告编号××	√
	2	卷材防水层不得有渗漏或积水现象	第 6.2.11 条	/	见防水工程试水检查记录编号××	√
	3	卷材防水层的防水构造	设计要求	6/6	抽查6处，合格6处	√
一般项目	1	卷材的搭接缝	第 6.2.13 条	6/6	抽查6处，合格6处	100%
	2	卷材防水层的收头与基层黏结质量	第 6.2.14 条	6/6	抽查6处，合格6处	100%
	3	卷材防水层的铺贴	第 6.2.15 条	6/6	抽查6处，合格6处	100%
		卷材搭接宽度允许偏差	—10mm	6/6	抽查6处，合格6处	100%
	4	屋面排汽构造	第 6.2.16 条	6/6	抽查6处，合格6处	100%

施工单位检查结果	主控项目全部合格，一般项目满足规范要求。 专业工长：××× 项目专业质量检查员：××× ××年×月×日
监理单位验收结论	合格，同意验收。 专业监理工程师：××× ××年×月×日

表4.4.6 卷材防水层检验批现场验收检查原始记录

共1页 第1页

单位（子单位）工程名称	筑业软件办公楼建设工程		验收日期	××年×月×日
检验批名称	卷材防水层检验批		对应检验批编号	04030101001

编号	验收项目	验收部位	验收情况记录	备注
主控项目3	卷材防水层的防水构造	2～8/C～F轴上人屋面	检查6处，防水层在檐口、水落口、泛水、变形缝和伸出屋面管道的防水构造，符合设计要求	点位见附图××
一般项目1	卷材的搭接缝	同上	检查6处，搭接缝黏结牢固，密封严密，无扭曲、皱折和翘边	
一般项目2	卷材防水层的收头与基层黏结质量	同上	检查6处，收头与基层黏结，钉压牢固，密封严密	
一般项目3	卷材防水层的铺贴	同上	检查6处，铺贴方向正确	
	卷材搭接宽度允许偏差	2～3/C～D轴上人屋面 2～3/D～E轴上人屋面 4～5/C～D轴上人屋面 5～6/E～F轴上人屋面 7～8/C～D轴上人屋面 7～8/E～F轴上人屋面	−8mm −3mm −2mm −5mm −8mm −1mm	
一般项目4	屋面排汽构造	②～⑧/Ⓕ～Ⓗ轴上人屋面	检查6处，安装牢固，位置正确，封闭严密	

签字栏	专业监理工程师	专业质量检查员	专业工长
	×××	×××	×××

表4.4.7 檐口检验批质量验收记录

04050101001

单位（子单位） 工程名称	筑业软件办公楼 建设工程	分部（子分部） 工程名称	屋面/细部构造	分项工程 名称	檐口
施工单位	××工程有限公司	项目负责人	×××	检验批容量	5条
分包单位	/	分包单位项目 负责人	/	检验批部位	2～8/C～F 轴上人屋面
施工依据	《屋面工程技术规范》 GB 50345—2012		验收依据	《屋面工程质量验收规范》 GB 50207—2012	

		验收项目	设计要求及 规范规定	最小/实际 抽样数量	检查记录	检查 结果
主控项目	1	檐口的防水构造	设计要求	/全	共5条，全部检查， 合格5条	√
	2	檐口的排水坡度和防水	第8.2.2条	/	见防水工程试水检查 记录，编号××	√
一般项目	1	檐口800mm范围内的 卷材应满粘	第8.2.3条	/全	共5条，全部检查， 合格5条	100%
	2	卷材收头	第8.2.4条	/全	共5条，全部检查， 合格5条	100%
	3	涂膜收头	第8.2.5条	/	/	/
	4	檐口端部	第8.2.6条	/全	共5条，全部检查， 合格5条	100%

施工单位 检查结果	主控项目全部合格，一般项目满足规范要求。 专业工长：××× 项目专业质量检查员：××× ××年×月×日
监理单位 验收结论	合格，同意验收。 专业监理工程师：××× ××年×月×日

153

表 4.4.8 檐口检验批现场验收检查原始记录

单位（子单位） 工程名称	筑业软件办公楼 建设工程		验收日期	××年×月×日	
检验批名称	檐口检验批		对应检验批编号	04050101001	
编号	验收项目	验收部位	验收情况记录		备注
主控项目 1	檐口的防水构造	2～8/C～F 轴上人屋面	检查 5 条，符合设计要求		
一般项目 1	檐口 800mm 范围内 的卷材应满粘	同上	检查 5 条，檐口 800mm 范围内 的卷材均满粘		
一般项目 2	卷材收头	同上	检查 5 条，在找平层的凹槽内用金属 压条钉压固定，并用密封材料封严		
一般项目 4	檐口端部	同上	检查 5 条，端部抹聚合物水泥 砂浆，其下端做成鹰嘴和滴水槽		
签字栏	专业监理工程师		专业质量检查员		专业工长
	×××		×××		×××

五、建筑给水排水及供暖工程

表 4.5.1　室内消火栓系统安装检验批质量验收记录

05010301001

单位(子单位) 工程名称	筑业软件办公楼 建设工程	分部(子分部) 工程名称	建筑给水排水及供 暖/室内给水系统	分项工程 名称	室内消火栓
施工单位	××工程有限公司	项目负责人	×××	检验批容量	12套
分包单位	/	分包单位项目 负责人	/	检验批部位	1～3层
施工依据	给水排水及供暖施工方案		验收依据	《建筑给水排水及采暖工程施工质量 验收规范》GB 50242—2002	

主控项目		验收项目	设计要求及 规范规定	最小/实际 抽样数量	检查记录	检查 结果
主控项目	1	室内消火栓试射试验	设计要求	/	试验合格,报告编号××	√
一般项目	1	消火栓水龙带在箱内安放	第4.3.2条	/全	共12套,全部检查, 合格12套	100%
一般项目	2 箱式消火栓的安装	栓口朝外,并不应 安装在门轴侧	第4.3.3条	/全	共12套,全部检查, 合格12套	100%
一般项目	2 箱式消火栓的安装	栓口中心距地面1.1m	±20mm	/全	共12套,全部检查, 合格12套	100%
一般项目	2 箱式消火栓的安装	阀门中心距箱侧 面140mm,距 箱后内表面100mm	±5mm	/全	共12套,全部检查, 合格12套	100%
一般项目	2 箱式消火栓的安装	消火栓箱体安 装的垂直度	3mm	/全	共12套,全部检查, 合格12套	100%

施工单位 检查结果	主控项目全部合格,一般项目满足规范要求。 专业工长:××× 项目专业质量检查员:××× ××年×月×日
监理单位 验收结论	合格,同意验收。 专业监理工程师:××× ××年×月×日

表 4.5.2 室内消火栓系统安装检验批现场验收检查原始记录

共 1 页 第 1 页

单位（子单位）工程名称	筑业软件办公楼建设工程		验收日期	××年×月×日
检验批名称	室内消火栓系统安装检验批		对应检验批编号	05010301001

编号	验收项目	验收部位	验收情况记录	备注
一般项目 1	消火栓水龙带在箱内安放	1～3 层	检查 12 套，水龙带与水枪和快速接头绑扎好，并将将水龙带挂放在箱内的挂钉上	
一般项目 2	栓口朝外，并不应安装在门轴侧	1～3 层	检查 12 套，栓口朝外，没有安装在门轴侧	
	栓口中心距地面 1.1m	1 层 1# 1 层 2# 1 层 3# 1 层 4# 2 层 1# 2 层 2# 2 层 3# 2 层 4# 3 层 1# 3 层 2# 3 层 3# 3 层 4#	15mm、17mm、14mm、15mm、8mm、5mm、9mm、11mm、12mm、12mm、13mm、15mm	
	阀门中心距箱侧面 140mm，距箱后内表面 100mm		3mm、2mm、2mm、2mm、2mm、1mm、1mm、3mm、3mm、1mm、3mm、1mm	
	消火栓箱体安装的垂直度		2mm、2mm、2mm、2mm、2mm、1mm、1mm、2mm、2mm、1mm、2mm、1mm	

签字栏	专业监理工程师	专业质量检查员	专业工长
	×××	×××	×××

表 4.5.3 室内雨水管道及配件安装检验批质量验收记录

05020201001

单位（子单位） 工程名称	筑业软件办公楼 建设工程	分部（子分部） 工程名称	建筑给水排水 及供暖/室内 排水系统	分项工程 名称	雨水管道及 配件安装
施工单位	××工程有限公司	项目负责人	×××	检验批容量	300m
分包单位	/	分包单位项目 负责人	/	检验批部位	室外雨水 Y1～ Y11 系统
施工依据	给水排水及供暖施工方案		验收依据	《建筑给水排水及采暖工程施工质量 验收规范》GB 50242—2002	

		验收项目		设计要求及 规范规定	最小/实际 抽样数量	检查记录	检查 结果
主控项目	1	室内雨水管道安装后灌水试验		第5.3.1条	/	/	/
	2	塑料雨水管安装伸缩节		第5.3.2条	/全	共33处，全部检查， 合格33处	√
	3	悬吊式雨水管道的敷设坡度、 埋地雨水管道的最小坡度		第5.3.3条	/	/	/
一般项目	1	雨水管不得与生活污水管相连接		第5.3.4条	/全	共11系统，全部检查， 合格11系统	√
	2	雨水斗管的连接		第5.3.5条	/	/	/
	3	悬吊式雨水管 道检查口间距	管径≤150mm	≥15m	/	/	/
			管径≥200mm	≥20m	/	/	/
	4	室内雨水 管道 安装 允许 偏差 （mm）	坐标		15	/	/	/
			标高		±15	/	/	/
			横管纵横方向弯曲	铸铁管	每1m	≥1	/	/	/
					全长 （25m以上）	≥25	/	/	/
				钢管	每1m	管径 ≤100mm	1	/	/	/
						管径 >100mm	1.5	/	/	/
					全长 （25m 以上）	管径 ≤100mm	≥25	/	/	/
						管径 >100mm	≥38	/	/	/
				塑料管	每1m	1.5	/	/	/
					全长 （25m以上）	≥38	/	/	/
				钢筋混 凝土管	每1m	3	/	/	/
					全长 （25m以上）	≥75	/	/	/

室内雨水管道及配件安装检验批质量验收记录

验收项目				设计要求及规范规定	最小/实际抽样数量	检查记录	检查结果
一般项目	4 室内雨水管道安装允许偏差（mm）	立管垂直度	铸铁管 每1m	3	/	/	/
			铸铁管 全长（5m以上）	≯15	/	/	/
			钢管 每1m	3	/	/	/
			钢管 全长（5m以上）	≯10	/	/	/
			塑料管 每1m	3	/全	共11系统，全部检查，合格11系统	100%
			塑料管 全长（5m以上）	≯15	/全	共11系统，全部检查，合格11系统	100%
	5 钢管管道焊口（mm）	焊口平直度		管壁厚10mm以内	管壁厚1/4	/	/
		焊缝加强面	高度	+1	/	/	/
			宽度		/	/	/
		咬边	深度	<0.5	/	/	/
			长度 连续长度	25	/	/	/
			长度 总长度（两侧）	<焊缝长度的10%	/	/	/

施工单位检查结果	主控项目全部合格，一般项目满足规范要求。 专业工长：××× 项目专业质量检查员：××× 　　　　　　　　　　××年×月×日
监理单位验收结论	合格，同意验收。 专业监理工程师：××× 　　　　　　　　　　××年×月×日

表 4.5.4 室内雨水管道及配件安装检验批现场验收检查原始记录

共 1 页 第 1 页

单位（子单位）工程名称	筑业软件办公楼建设工程		验收日期	××年×月×日
检验批名称	室内雨水管道及配件安装检验批		对应检验批编号	05020201001

编号	验收项目	验收部位	验收情况记录	备注
主控项目 2	塑料雨水管安装伸缩节	室外雨水 Y1～Y11 系统	检查 33 处，伸缩节安装符合设计要求	
一般项目 4	立管垂直度：塑料管	室外雨水 Y1 系统	检查 11 系统，每 1 米立管垂直度共检查 330 处，其中最大值为 2.5mm，最小值为 1.4mm，均符合要求	
			检查 11 系统，全长立管垂直度共检查 11 处，其中最大值为 14mm，最小值为 11mm，均符合要求	

签字栏	专业监理工程师	专业质量检查员	专业工长
	×××	×××	×××

表 4.5.5 卫生器具给水配件安装检验批质量验收记录

05040201001

单位（子单位）工程名称	筑业软件办公楼建设工程	分部（子分部）工程名称	建筑给水排水及供暖/卫生器具	分项工程名称	卫生器具给水配件
施工单位	××工程有限公司	项目负责人	×××	检验批容量	36 件
分包单位	/	分包单位项目负责人	/	检验批部位	1～3 层卫生间
施工依据	给水排水及供暖施工方案		验收依据	《建筑给水排水及采暖工程施工质量验收规范》GB 50242—2002	

主控项目		验收项目		设计要求及规范规定	最小/实际抽样数量	检查记录	检查结果
	1	卫生器具给水配件安装		第 7.3.1 条	/全	共 36 件，全部检查，合格 36 件	√
一般项目	1	给水配件安装标高允许偏差（mm）	大便器高、低水箱角阀及截止阀	±10	/全	共 12 件，全部检查，合格 12 件	100%
			水嘴	±10	/全	共 12 件，全部检查，合格 12 件	100%
			淋浴器喷头下沿	±15	/全	共 12 件，全部检查，合格 12 件	100%
			浴盆软管淋浴器挂钩	±20	/	/	/
	2	浴盆软管淋浴器挂钩的高度		第 7.3.3 条	/	/	/

施工单位检查结果	主控项目全部合格，一般项目满足规范要求。 专业工长：××× 项目专业质量检查员：××× ××年×月×日
监理单位验收结论	合格，同意验收。 专业监理工程师：××× ××年×月×日

表 4.5.6 卫生器具给水配件安装检验批现场验收检查原始记录

单位（子单位）工程名称	筑业软件办公楼建设工程		验收日期	××年×月×日	
检验批名称	卫生器具给水配件安装检验批		对应检验批编号	05040201001	
编号	验收项目	验收部位	验收情况记录		备注
主控项目 1	卫生器具给水配件安装	1～3 层卫生间	检查 36 件，卫生器具给水配件完好无损伤，接口严密，启闭部分灵活		
一般项目 1	大便器高、低水箱角阀及截止阀	1 层 101 室卫生间 1 层 102 室卫生间 1 层 103 室卫生间 1 层 104 室卫生间 2 层 201 室卫生间 2 层 202 室卫生间 2 层 203 室卫生间 2 层 204 室卫生间 3 层 301 室卫生间 3 层 302 室卫生间 3 层 303 室卫生间 3 层 304 室卫生间	－2mm、6mm、－4mm、－3mm、3mm、4mm、2mm、8mm、6mm、7mm、5mm、6mm		
	水嘴		6mm、5mm、－2mm、4mm、3mm、2mm、2mm、－3mm、6mm、7mm、5mm、4mm		
	淋浴器喷头下沿		6mm、11mm、－2mm、14mm、13mm、12mm、12mm、－13mm、11mm、7mm、5mm、12mm		
签字栏	专业监理工程师		专业质量检查员		专业工长
	×××		×××		×××

表 4.5.7 室内供暖系统低温热水地板辐射供暖系统安装检验批质量验收记录

05050401001

单位（子单位）工程名称	筑业软件办公楼建设工程	分部（子分部）工程名称	建筑给水排水及供暖/室内供暖系统	分项工程名称	低温热水地板辐射供暖系统安装
施工单位	××工程有限公司	项目负责人	×××	检验批容量	340m
分包单位	/	分包单位项目负责人	/	检验批部位	1层
施工依据	供暖工程施工方案		验收依据	《建筑给水排水及采暖工程施工质量验收规范》GB 50242—2002	

		验收项目	设计要求及规范规定	最小/实际抽样数量	检查记录	检查结果
主控项目	1	地面下敷设的盘管埋地	第8.5.1条	/全	检查合格，隐蔽工程验收记录××	√
	2	盘管水压试验	第8.5.2条	/全	试验合格，报告编号××	√
	3	加热盘管弯曲的曲率半径	第8.5.3条	/全	共8处，全部检查，合格8处	√
一般项目	1	分、集水器规格及安装	设计要求	/全	共4套，全部检查，合格4套	100％
	2	加热盘管安装	第8.5.5条	/全	共6处，全部检查，合格6处	100％
	3	防潮层、防水层、隔热层、伸缩缝	设计要求	/全	共4户，全部检查，合格4户	100％
	4	填充层混凝土强度	设计要求	/	试验合格，报告编号××	√

施工单位检查结果	主控项目全部合格，一般项目满足规范要求。 专业工长：××× 项目专业质量检查员：××× ××年×月×日
监理单位验收结论	合格，同意验收。 专业监理工程师：××× ××年×月×日

表4.5.8 室内供暖系统低温热水地板辐射供暖系统安装检验批
现场验收检查原始记录

共1页 第1页

单位（子单位）工程名称	筑业软件办公楼建设工程		验收日期	××年×月×日
检验批名称	室内供暖系统低温热水底板敷设供暖系统安装检验批		对应检验批编号	05050401001

编号	验收项目	验收部位	验收情况记录	备注
主控项目3	加热盘管弯曲的曲率半径	1层	检查8处，弯曲部分未出现硬折弯现象，曲率半径大于管道外径的8倍	加热盘管弯曲部分共计5处，材质为PB管
一般项目1	分、集水器规格及安装	同上	检查4套，安装位置、高度等符合设计要求	
一般项目2	加热盘管安装	同上	5mm、4mm、2mm、3mm、5mm、2mm	加热盘管敷设间距共计6处
一般项目3	防潮层、防水层、隔热层、伸缩缝	同上	检查4户，符合设计要求	
签字栏	专业监理工程师		专业质量检查员	专业工长
	×××		×××	×××

表 4.5.9 室外排水管网排水管沟及井池检验批质量验收记录

05070201001

单位（子单位）工程名称	筑业软件办公楼建设工程	分部（子分部）工程名称	建筑给水排水及供暖/室外排水管网	分项工程名称	排水管沟与井池
施工单位	××工程有限公司	项目负责人	×××	检验批容量	管沟48m井池1座
分包单位	/	分包单位项目负责人	/	检验批部位	室外管沟及井池
施工依据	给水排水及供暖施工方案		验收依据	《建筑给水排水及采暖工程施工质量验收规范》GB 50242—2002	

		验收项目	设计要求及规范规定	最小/实际抽样数量	检查记录	检查结果
主控项目	1	沟基的处理和井池的底板强度	设计要求	/全	试验合格，报告编号××	√
	2	检查井、化粪池的底板及进、出口水管标高	设计要求	/全	共1座，全部检查，合格1座	√
一般项目	1	井、池的规格、尺寸和位置，砌筑、抹灰质量	第10.3.3条	/全	共1座，全部检查，合格1座	100%
	2	井盖标识、标高	第10.3.4条	/全	共1座，全部检查，合格1座	100%

施工单位检查结果	主控项目全部合格，一般项目满足规范要求。 专业工长：××× 项目专业质量检查员：××× ××年×月×日
监理单位验收结论	合格，同意验收。 专业监理工程师：××× ××年×月×日

表 4.5.10 室外排水管网排水管沟及井池检验批现场验收检查原始记录

共 1 页 第 1 页

单位（子单位）工程名称	筑业软件办公楼建设工程		验收日期	××年×月×日
检验批名称	室外排水管网排水管沟及井池检验批		对应检验批编号	05070201001
编号	验收项目	验收部位	验收情况记录	备注
主控项目 2	检查井、化粪池的底板及进、出口水管标高	室外管沟及井池	10mm	
一般项目 1	井、池的规格、尺寸和位置，砌筑、抹灰质量	同上	检查 1 座，位置正确，砌筑和抹灰符合要求	
一般项目 2	井盖标识、标高	同上	检查 1 座，井盖选用正确，标识明显，标高符合设计要求	
签字栏	专业监理工程师	专业质量检查员		专业工长
	×××	×××		×××

表 4.5.11 建筑中水系统管道及辅助设备安装检验批质量验收记录

05100101001

单位（子单位） 工程名称	筑业软件办公楼 建设工程		分部（子分部） 工程名称	建筑给水排水及 供暖/建筑中水系 统及雨水利用系统	分项工程名称	建筑中水系统
施工单位	××工程有限公司		项目负责人	×××	检验批容量	5套
分包单位	/		分包单位项目 负责人	/	检验批部位	3层中水系统
施工依据	给水排水及供暖施工方案			验收依据	《建筑给水排水及采暖工程施工质量 验收规范》GB 50242—2002	

		验收项目	设计要求及 规范规定	最小/实际 抽样数量	检查记录	检查 结果
主控项目	1	中水水箱设置	第12.2.1条	/	/	/
	2	中水给水管道装设，便器 冲洗，绿化浇洒、汽车冲洗	第12.2.2条	/全	共5套，全部检查， 合格5套	√
	3	中水供水管道严禁与生活 饮用水给水管道连接	第12.2.3条	/全	共5套，全部检查， 合格5套	√
	4	中水管道暗装要求	第12.2.4条	/全	共5套，全部检查， 合格5套	√
一般项目	1	中水给水管道管材及配件	第12.2.5条	/全	共5套，全部检查， 合格5套	100%
	2	中水管道与其他管道平行、 交叉铺设的净距	第12.2.6条	/全	共5套，全部检查， 合格5套	100%

施工单位 检查结果	主控项目全部合格，一般项目满足规范要求。 专业工长：××× 项目专业质量检查员：××× 　　　　　　×× 年 × 月 × 日
监理单位 验收结论	合格，同意验收。 专业监理工程师：××× 　　　　　　×× 年 × 月 × 日

表 4.5.12 建筑中水系统管道及辅助设备安装检验批现场验收检查原始记录

共 1 页 第 1 页

单位（子单位）工程名称	筑业软件办公楼建设工程		验收日期	××年×月×日	
检验批名称	建筑中水系统管道及辅助设备安装检验批		对应检验批编号	05100101001	
编号	验收项目	验收部位	验收情况记录		备注
主控项目 2	中水给水管道装设，便器冲洗，绿化浇洒、汽车冲洗	3 层中水系统	检查 5 套，中水给水管道没有装设水嘴		
主控项目 3	中水供水管道严禁与生活饮用水给水管道连接	同上	检查 5 套，中水供水管道没有与生活饮用水给水管道连接，水管外壁图浅绿色标志		
主控项目 4	中水管道暗装要求	同上	检查 5 套，在管道上有明显且不会脱落的标志		
一般项目 1	中水给水管道管材及配件	同上	检查 5 套，均采用耐腐蚀的给水管管材及附件		
一般项目 2	中水管道与其他管道平行、交叉铺设的净距	同上	0.8m、0.7m、0.8m、0.8m、0.8m		本层中水系统共有 5 处与饮用水管道平行埋设
签字栏	专业监理工程师		专业质量检查员		专业工长
	×××		×××		×××

167

表 4.5.13 安全附件安装检验批质量验收记录

05130301001

单位（子单位）工程名称	筑业软件办公楼建设工程	分部（子分部）工程名称	建筑给水排水及供暖/热源及辅助设备	分项工程名称	安全附件安装
施工单位	××工程有限公司	项目负责人	×××	检验批容量	11件
分包单位	/	分包单位项目负责人	/	检验批部位	1#锅炉房
施工依据	给水排水及供暖施工方案		验收依据	《建筑给水排水及采暖工程施工质量验收规范》GB 50242—2002	

		验收项目	设计要求及规范规定	最小/实际抽样数量	检查记录	检查结果
主控项目	1	锅炉和省煤器安全阀定压和调整	第13.4.1条	/全	质量证明文件齐全有效，材料进场验收记录××	√
	2	压力表刻度极限值、表盘直径	第13.4.2条	/全	共2件，全部检查，合格2件	√
	3	水位表安装	第13.4.3条	/全	共2件，全部检查，合格2件	√
	4	锅炉的高低水位报警器和超温、超压报警器及联锁保护装置	第13.4.4条	/全	试验合格，记录编号××	√
	5	蒸汽锅炉安全阀、热水锅炉安全阀安装	第13.4.5条	/全	共2件，全部检查，合格2件	√
一般项目	1	压力表安装	第13.4.6条	/全	共2件，全部检查，合格2件	100%
	2	测压仪表取源部件安装	第13.4.7条	/全	共2件，全部检查，合格2件	100%
	3	温度计安装	第13.4.8条	/全	共2件，全部检查，合格2件	100%
	4	温度计与压力表在同一管道上安装	第13.4.9条	/	/	/

施工单位检查结果	主控项目全部合格，一般项目满足规范要求。	专业工长：××× 项目专业质量检查员：××× ××年×月×日
监理单位验收结论	合格，同意验收。	专业监理工程师：××× ××年×月×日

表 4.5.14 安全附件安装检验批现场验收检查原始记录

共1页 第1页

单位（子单位）工程名称	筑业软件办公楼建设工程		验收日期	××年×月×日
检验批名称	安全附件安装检验批		对应检验批编号	05130301001

编号	验收项目	验收部位	验收情况记录	备注
主控项目2	压力表的刻度极限值、表盘直径	1#锅炉房	检查2件，压力表刻度极限值大于工作压力的1.5倍，表盘直径为120mm	
主控项目3	水位表安装	同上	检查2件，最高、最低安全水位的标志明显，安装位置符合设计要求，有防护装置	
主控项目5	蒸汽锅炉安全阀、热水锅炉安全阀安装	同上	检查2件，安全阀泄水管接到安全地点，没有装设阀门	
一般项目1	压力表安装	同上	检查2件，安装在便于观察和吹洗的位置，并有防止受高温、冰冻和振动措施，有足够的照明，设有存水弯管	
一般项目2	测压仪表取源部件安装	同上	检查2件，在工艺管道的下半部与管道的水平中心线成30°夹角	
一般项目3	温度计安装	同上	检查2件，固定良好并有保护措施，底部插入流动介质内	

签字栏	专业监理工程师	专业质量检查员	专业工长
	×××	×××	×××

表 4.5.15 热源及辅助设备试验与调试检验批质量验收记录

05120701001

单位（子单位）工程名称	筑业软件办公楼建设工程	分部（子分部）工程名称	建筑给水排水及供暖/热源及辅助设备	分项工程名称	试验与调试
施工单位	××工程有限公司	项目负责人	×××	检验批容量	2台
分包单位	/	分包单位项目负责人	/	检验批部位	1#锅炉房
施工依据	给水排水及供暖施工方案		验收依据	《建筑给水排水及采暖工程施工质量验收规范》GB 50242—2002	

		验收项目	设计要求及规范规定	最小/实际抽样数量	检查记录	检查结果
主控项目	1	锅炉火焰烘炉	第13.5.1条	/全	共2台，全部检查，合格2台	√
	2	烘炉结束后的炉墙	第13.5.2条	/	/	/
	3	锅炉带负荷试运行，安全阀定压检验和调整	第13.5.3条	/全	试运行合格，记录编号××	√
一般项目	1	煮炉时间	第13.5.4条	/全	共2台，全部检查，合格2台	100%

施工单位检查结果	主控项目全部合格，一般项目满足规范要求。 专业工长：××× 项目专业质量检查员：××× ××年×月×日
监理单位验收结论	合格，同意验收。 专业监理工程师：××× ××年×月×日

表 4.5.16 热源及辅助设备试验与调试检验批现场验收检查原始记录

共 1 页 第 1 页

单位（子单位）工程名称	筑业软件办公楼建设工程		验收日期	××年×月×日	
检验批名称	热源及辅助设备试验与调试检验批		对应检验批编号	05120701001	
编号	验收项目	验收部位	验收情况记录		备注
主控项目 1	锅炉火焰烘炉	1♯锅炉房 2♯锅炉房	检查 2 台，火焰在炉膛中央燃烧		
一般项目 1	煮炉时间	同上	检查 2 台，煮炉 3d，锅筒和集箱内壁无油垢，金属表面无锈斑		

签字栏	专业监理工程师	专业质量检查员	专业工长
	×××	×××	×××

171

六、通风与空调工程

表 4.6.1　风管与配件产成品检验批质量验收记录
（金属风管）

06010101001

单位（子单位）工程名称	筑业软件办公楼建设工程	分部（子分部）工程名称	通风与空调/送风系统	分项工程名称	风管与配件制作
施工单位	××工程有限公司	项目负责人	×××	检验批容量	风管 200m²、配件 20 件
分包单位	/	分包单位项目负责人	/	检验批部位	二层通风系统
施工依据	《通风与空调工程施工规范》GB 50738—2011		验收依据	《通风与空调工程施工质量验收规范》GB 50243—2016	

		验收项目	设计要求及规范规定	最小/实际抽样数量	检查记录	检查结果
主控项目	1	风管强度与严密性工艺检测	第 4.2.1 条	/	质量证明文件齐全，风管漏风检测合格，报告编号××	√
	2	钢板风管性能及厚度	第 4.2.3 条第 1 款	4/4	抽查 4 件，合格 4 件	√
	3	铝板与不锈钢板性能及厚度	第 4.2.3 条第 1 款	/	/	/
	4	风管的连接	第 4.1.5 条第 4.2.3 条第 2 款	4/4	抽查 4 件，合格 4 件	√
	5	风管的加固	第 4.2.3 条第 3 款	3/3	抽查 3 件，合格 3 件	√
	6	防火风管	第 4.2.2 条	/	质量证明文件齐全有效，试验编号××	√
	7	净化空调系统风管	第 4.1.7 条第 4.2.7 条	/	/	/
	8	镀锌钢板不得焊接	第 4.1.5 条	4/4	抽查 4 件，合格 4 件	√
一般项目	1	法兰风管	第 4.3.1 条第 1 款	/	/	/
	2	无法兰风管	第 4.3.1 条第 2 款	4/4	抽查 4 件，合格 4 件	100％
	3	风管的加固	第 4.3.1 条第 3 款	3/3	抽查 3 件，合格 3 件	100％
	4	焊接风管	第 4.3.1 条第 1 款第 3、4、6 项	/	/	/
	5	铝板或不锈钢板风管	第 4.3.1 条第 1 款第 8 项	/	/	/
	6	圆形弯管	第 4.3.5 条	/	/	/
	7	矩形风管导流片	第 4.3.6 条	3/3	抽查 3 件，合格 3 件	100％
	8	风管变径管	第 4.3.7 条	/	/	/
	9	净化空调系统风管	第 4.3.4 条	/	/	/
施工单位检查结果		主控项目全部合格，一般项目满足规范要求。		专业工长：×××项目专业质量检查员：×××　　　　　　　　　　　　××年×月×日		
监理单位验收结论		合格，同意验收。		专业监理工程师：×××　　　　　　　　　　　　××年×月×日		

表 4.6.2 风管与配件产成品检验批现场验收检查原始记录

共 1 页　第 1 页

单位（子单位）工程名称	筑业软件办公楼建设工程		验收日期	××年×月×日	
检验批名称	风管与配件产成品检验批（金属风管）		对应检验批编号	06010101001	
编号	验收项目	验收部位	验收情况记录		备注
主控项目 2	钢板风管性能及厚度	二层通风系统	检查 4 件，金属风管的材料品种、规格、性能与厚度符合设计要求		
主控项目 4	风管的连接	同上	检查 4 件，咬口连接，风管板材拼接的接缝错开，无十字形拼接缝		
主控项目 5	风管的加固	同上	检查 3 件，均采取加固措施		
主控项目 8	镀锌钢板不得焊接	同上	检查 4 件，均没有焊接现象		
一般项目 2	无法兰风管	同上	检查 4 件，采用包边立咬口连接，立筋高度大于风管的角钢法兰高度，倾角有棱线，铆钉的间距为 100mm，间隔均匀；立咬口四角连接处补角连接件的铆固紧密，接缝平整，无孔洞		
一般项目 3	风管的加固	同上	检查 3 件，采用角钢加固，加固排列整齐均匀，与风管的铆接牢固，间隔 150mm		
一般项目 7	矩形风管导流片	同上	检查 3 件，采用曲率半径为一个平面边长，内外同心弧的形式		
签字栏	专业监理工程师		专业质量检查员		专业工长
	×××		×××		×××

表 4.6.3　风管部件与消声器产成品检验批质量验收记录

06010201001

单位（子单位）工程名称	筑业软件办公楼建设工程	分部（子分部）工程名称	通风与空调/送风系统	分项工程名称	部件制作
施工单位	××工程有限公司	项目负责人	×××	检验批容量	风管部件 20 件、消声器 15 件
分包单位	/	分包单位项目负责人	/	检验批部位	二层通风系统
施工依据	《通风与空调工程施工规范》GB 50738—2011		验收依据	《通风与空调工程施工质量验收规范》GB 50243—2016	

		验收项目	设计要求及规范规定	最小/实际抽样数量	检查记录	检查结果
主控项目	1	外购部件验收	第 5.2.1 条第 5.2.2 条	/	质量证明文件齐全有效，材料进场验收记录××	√
	2	各类风阀验收	第 5.2.3 条	/	测试报告编号××	√
	3	防火阀、排烟阀（口）	第 5.2.4 条	/	/	/
	4	防爆风阀	第 5.2.5 条	/	/	/
	5	消声器、消声弯管	第 5.2.6 条	/	质量证明文件齐全有效，性能报告编号××	√
	6	防排烟系统柔性短管	第 5.2.7 条	/	/	/
一般项目	1	风管部件及法兰规定	第 5.3.1 条	3/3	抽查 3 件，合格 3 件	100%
	2	各类风阀验收	第 5.3.2 条	3/3	抽查 3 件，合格 3 件	100%
	3	各类风罩	第 5.3.3 条	/	/	/
	4	各类风帽	第 5.3.4 条	3/3	抽查 3 件，合格 3 件	100%
	5	各类风口	第 5.3.5 条	3/3	抽查 3 件，合格 3 件	100%
	6	消声器与消声静压箱	第 5.3.6 条	3/3	抽查 3 件，合格 3 件	100%
	7	柔性短管	第 5.3.7 条	/	/	/
	8	空气过滤器及框架	第 5.3.8 条	/	/	/
	9	电加热器	第 5.3.9 条	/	/	/
	10	检查门	第 5.3.10 条	/	/	/

施工单位检查结果	主控项目全部合格，一般项目满足规范要求。	专业工长：×××项目专业质量检查员：×××××年×月×日
监理单位验收结论	合格，同意验收。	专业监理工程师：×××××年×月×日

表 4.6.4 风管部件与消声器产成品检验批现场验收检查原始记录

共 1 页 第 1 页

单位（子单位）工程名称	筑业软件办公楼建设工程		验收日期	××年×月×日	
检验批名称	风管部件与消声器产成品检验批		对应检验批编号	06010201001	
编号	验收项目	验收部位	验收情况记录		备注
一般项目1	风管部件及法兰规定	二层通风系统	检查3件，风管部件活动机构的动作灵活，制动和定位装置动作可靠，法兰规格与相连风管法兰相匹配		
一般项目2	各类风阀验收	同上	检查3件，单叶风阀的结构牢固，启闭灵活，关闭严密，与阀体的间隙应小于2mm；止回阀阀片的转轴、铰链采用耐锈蚀材料，阀片在最大负荷压力下不弯曲变形，启闭灵活，关闭严密；三通调节风阀的手柄转轴与风管的结合处严密，阀板不与风管相碰擦，调节方便，手柄与阀片处于同一转角位置，拉杆可在操控范围内作定位固定		
一般项目4	各类风帽	同上	检查3件，风帽结构牢固，形状规则，表面平整，与风管连接的法兰应与风管法兰相匹配		
一般项目5	各类风口	同上	检查3件，风口结构牢固，形状规则，外表装饰面平整；风口的叶片分布匀称；风口各部位的颜色一致，无明显的划伤和压痕。调节机构应转动灵活、定位可靠		
一般项目6	消声器与消声静压箱	同上	检查3件，消声材料的材质符合工程设计的规定，外壳牢固严密，没有漏风；消声器和消声静压箱接口与相连接的风管相匹配		
签字栏	专业监理工程师		专业质量检查员		专业工长
	×××		×××		×××

表 4.6.5 风管系统安装检验批质量验收记录
（送风系统）

06010301001

单位（子单位）工程名称		筑业软件办公楼建设工程	分部（子分部）工程名称	通风与空调/送风系统	分项工程名称		风管系统安装
施工单位		××工程有限公司	项目负责人	×××	检验批容量		120m²
分包单位		/	分包单位项目负责人	/	检验批部位		三层送风系统
施工依据		《通风与空调工程施工规范》GB 50738—2011	验收依据		《通风与空调工程施工质量验收规范》GB 50243—2016		

		验收项目	设计要求及规范规定	最小/实际抽样数量	检查记录	检查结果
主控项目	1	风管支、吊架安装	第6.2.1条	9/9	抽查9个，合格9个	√
	2	风管穿越防火、防爆墙体或楼板	第6.2.2条	/	/	/
	3	风管内严禁其他管线穿越	第6.2.3条	/全	共8处，全部检查，合格8处	√
	4	高于60℃风管系统	第6.2.4条	/	/	/
	5	风管部件安装	第6.2.7条第1、3、4、5款	7/7	抽查7件，合格7件	√
	6	风口的安装	第6.2.8条	4/4	抽查4件，合格4件	√
	7	风管严密性检验	第6.2.9条	/	试验合格，记录编号××	√
	8	病毒实验室风管安装	第6.2.12条	/	/	/
一般项目	1	风管的支、吊架	第6.3.1条	3/3	抽查3个，合格3个	100%
	2	风管系统的安装	第6.3.2条	3/3	抽查3件，合格3件	100%
	3	含凝结水或其他液体风管	第6.3.3条	/	/	/
	4	柔性短管安装	第6.3.5条	3/3	抽查3件，合格3件	100%
	5	非金属风管安装	第6.3.6条第1、2、3款	/	/	/
	6	复合材料风管安装	第6.3.7条	/	/	/
	7	风阀的安装	第6.3.8条第1、2、3款	3/3	抽查3件，合格3件	100%
	8	排风口、吸风罩（柜）安装	第6.3.9条	3/3	抽查3件，合格3件	100%
	9	风帽安装	第6.3.10条	/	/	/
	10	消声器及静压箱安装	第6.3.11条	3/3	抽查3件，合格3件	100%
	11	风管内过滤器安装	第6.3.12条	3/3	抽查3件，合格3件	100%

施工单位检查结果	主控项目全部合格，一般项目满足规范要求。	专业工长：×××项目专业质量检查员：×××××年×月×日
监理单位验收结论	合格，同意验收。	专业监理工程师：×××××年×月×日

表 4.6.6　风管系统安装检验批现场验收检查原始记录

单位（子单位）工程名称	筑业软件办公楼建设工程		验收日期	××年×月×日	
检验批名称	风管系统安装检验批（送风系统）		对应检验批编号	06010301001	
编号	验收项目	验收部位	验收情况记录		备注
主控项目 1	风管支、吊架安装	三层送风系统	检查 9 个，预埋件位置正确、牢固可靠，埋入部分去除油污，吊架的形式和规格符合设计要求		
主控项目 3	风管内严禁其他管线穿越	同上	检查 8 处，风管内无其他管线穿越		
主控项目 5	风管部件安装	同上	检查 7 件，风管部件及操作机构的安装便于操作；止回阀、定风量阀的安装方向正确		
主控项目 6	风口的安装	同上	检查 4 件，风口的安装位置符合设计要求，风口与风管的连接严密牢固，无漏风点，风口与装饰面贴合紧密		
一般项目 1	风管的支、吊架	同上	检查 3 个，吊架间距为 2.5m；设置没影响阀门、自控机构的正常动作，且没有设置在风口、检查门处		
一般项目 2	风管系统的安装	同上	检查 3 件，风管清洁，管内无杂物和积尘；风管安装的位置、标高、走向符合设计要求；风管接口的连接严密牢固。风管法兰的垫片材质符合系统功能的要求，厚度不应小于 3mm；风管的连接平直，安装位置正确，无侵占其他管线安装位置的现象		
一般项目 4	柔性短管安装	同上	检查 3 件，松紧适度，目测平顺、没有强制性的扭曲，长度没超过 2m，吊架的间距为 1000mm		
一般项目 7	风阀的安装	同上	检查 3 件，风阀安装在便于操作及检修的部位，手动操作装置灵活可靠，阀板关闭严密		
一般项目 8	排风口、吸风罩（柜）安装	同上	检查 3 件，安装排列整齐、牢固可靠，安装位置和标高符合设计要求		
一般项目 10	消声器及静压箱安装	同上	检查 3 件，设置独立吊架，固定牢固		
一般项目 11	风管内过滤器安装	同上	检查 3 件，种类、规格符合设计要求，便于拆卸和更换；过滤器与框架及框架与风管之间连接严密		
签字栏	专业监理工程师		专业质量检查员		专业工长
	×××		×××		×××

表 4.6.7　风机与空气处理设备安装检验批质量验收记录
(通风系统)

06010401001

单位（子单位）工程名称	筑业软件办公楼建设工程	分部（子分部）工程名称	通风与空调/送风系统	分项工程名称	风机与空气处理设备安装
施工单位	××工程有限公司	项目负责人	×××	检验批容量	10 台
分包单位	/	分包单位项目负责人	/	检验批部位	地下一层设备机房
施工依据	《通风与空调工程施工规范》GB 50738—2011		验收依据	《通风与空调工程施工质量验收规范》GB 50243—2016	

	验收项目		设计要求及规范规定	最小/实际抽样数量	检查记录	检查结果
主控项目	1	风机及风机箱的安装	第 7.2.1 条	3/3	抽查 3 台，合格 3 台	√
	2	通风机安全措施	第 7.2.2 条	/全	共 10 台，检查 10 台，合格 10 台	√
	3	空气热回收装置的安装	第 7.2.4 条	/	/	/
	4	除尘器的安装	第 7.2.6 条	/	/	/
	5	静电式空气净化装置安装	第 7.2.10 条	/	/	/
	6	电加热器的安装	第 7.2.11 条	/	/	/
	7	过滤吸收器的安装	第 7.2.12 条	/	/	/
一般项目	1	风机及风机箱的安装	第 7.3.1 条	3/3	抽查 3 台，合格 3 台	100%
	2	风幕机的安装	第 7.3.2 条	/	/	/
	3	空气过滤器的安装	第 7.3.5 条	/	/	/
	4	蒸汽加湿器安装	第 7.3.6 条	/	/	/
	5	空气热回收器的安装	第 7.3.8 条	/	/	/
	6	除尘器安装	第 7.3.11 条	/	/	/
	7	现场组装静电除尘器的安装	第 7.3.12 条	/	/	/
	8	现场组装布袋除尘器的安装	第 7.3.13 条	/	/	/

施工单位检查结果	主控项目全部合格，一般项目满足规范要求。	专业工长：××× 项目专业质量检查员：××× ××年×月×日
监理单位验收结论	合格，同意验收。	专业监理工程师：××× ××年×月×日

表 4.6.8　风机与空气处理设备检验批现场验收检查原始记录

共 1 页　第 1 页

单位（子单位）工程名称	筑业软件办公楼建设工程		验收日期	××年×月×日	
检验批名称	风机与空气处理设备安装检验批（通风系统）		对应检验批编号	06010401001	
编号	验收项目	验收部位	验收情况记录		备注
主控项目 1	风机及风机箱的安装	地下一层设备机房	检查 3 台，产品的性能、技术参数符合设计要求，出口方向正确；叶轮旋转平稳；固定设备的地脚螺栓紧固，并采取防松动措施；按设计要求设置减振装置，并采取防止设备水平位移的措施		
主控项目 2	通风机安全措施	同上	检查 10 台，通风机传动装置的外露部位装设防护罩		
一般项目 1	风机及风机箱的安装	同上	检查 3 台，机壳的组装位置正确，减振器的安装位置正确，各组减振器承受荷载的压缩量均匀一致，风机的进、出口没有承受外加的重量，相连接的风管、阀件设置独立的支架		
签字栏	专业监理工程师		专业质量检查员		专业工长
	×××		×××		×××

表4.6.9 防腐与绝热施工检验批质量验收记录
（风管系统与设备）

06010501001

单位（子单位） 工程名称	筑业软件办公楼 建设工程	分部（子分部） 工程名称	通风与空调/ 送风系统	分项工程 名称	风管与设备防腐
施工单位	××工程有限公司	项目负责人	×××	检验批容量	150m²
分包单位	/	分包单位项目 负责人	/	检验批部位	二层送风系统
施工依据	《通风与空调工程施工规范》 GB 50738—2011		验收依据	《通风与空调工程施工质量验收 规范》GB 50243—2016	

		验收项目	设计要求及 规范规定	最小/实际 抽样数量	检查记录	检查 结果
主控项目	1	防腐涂料的验证	第10.2.1条	3/3	抽查3段，合格3段	√
	2	绝热材料规定	第10.2.2条	/	燃烧试验报告编号××	√
	3	绝热材料复验规定	第10.2.3条	/	试验合格，报告编号××	√
	4	洁净室内风管绝热材料规定	第10.2.4条	/	/	/
一般项目	1	防腐涂层质量	第10.3.1条	3/3	抽查3段，合格3段	100%
	2	空调设备、部件油漆或绝热	第10.3.2条	3/3	抽查3段，合格3段	100%
	3	绝热层施工	第10.3.3条	3/3	抽查3段，合格3段	100%
	4	风管橡塑绝热材料施工	第10.3.4条	3/3	抽查3段，合格3段	100%
	5	风管绝热层保温钉固定	第10.3.5条	/	/	/
	6	防潮层的施工与 绝热胶带固定	第10.3.7条	3/3	抽查3段，合格3段	100%
	7	绝热涂料	第10.3.8条	/	/	/
	8	金属保护壳的施工	第10.3.9条	/	/	/

施工单位 检查结果	主控项目全部合格，一般项目满足规范要求。	专业工长：××× 项目专业质量检查员：××× ××年×月×日
监理单位 验收结论	合格，同意验收。	专业监理工程师：××× ××年×月×日

表 4.6.10　防腐与绝热施工检验批现场验收检查原始记录

单位（子单位） 工程名称	筑业软件办公楼建设工程		验收日期	××年×月×日	
检验批名称	防腐与绝热施工检验批（风管系统与设备）		对应检验批编号	06010501001	
编号	验收项目	验收部位	验收情况记录		备注
主控项目1	防腐涂料的验证	二层送风系统	检查3段，涂料品种及涂层层数符合设计要求，底漆和面漆配套		
一般项目1	防腐涂层质量	同上	检查3段，涂层均匀，无堆积、漏涂、皱纹、气泡、掺杂及混色等缺陷		
一般项目2	空调设备、 部件油漆或绝热	同上	检查3段，部件、阀门的绝热和防腐涂层，没有遮盖铭牌标志和影响部件、阀门的操作功能		
一般项目3	绝热层施工	同上	检查3段，绝热层满铺，表面平整，无裂缝、空隙等缺陷		
一般项目4	风管橡塑绝热材料施工	同上	检查3段，绝热层的纵向接缝处于管道上部，纵、横向接缝错开，缝间无孔隙，与管道表面贴合紧密，无气泡		
一般项目6	防潮层的施工与 绝热胶带固定	同上	检查3段，绝热防潮层完整，应封闭良好。纵向缝位于管道的侧面，并顺水流方向设置；胶带牢固地粘贴在防潮层面上，无胀裂和脱落现象		
签字栏	专业监理工程师		专业质量检查员		专业工长
	×××		×××		×××

表 4.6.11 空调冷热（冷却）水系统安装检验批质量验收记录
（金属风管）

06100101001

单位（子单位）工程名称	筑业软件办公楼建设工程	分部（子分部）工程名称	通风与空调/空调（冷、热）水系统	分项工程名称	管道系统及部件安装
施工单位	××工程有限公司	项目负责人	×××	检验批容量	120m
分包单位	/	分包单位项目负责人	/	检验批部位	三层空调冷热水系统
施工依据	《通风与空调工程施工规范》GB 50738—2011		验收依据	《通风与空调工程施工质量验收规范》GB 50243—2016	

		验收项目	设计要求及规范规定	最小/实际抽样数量	检查记录	检查结果
主控项目	1	系统的管材与配件验收	第9.2.1条	/	质量证明文件齐全，材料进场验收记录××	√
	2	管道的连接安装	第9.2.2条第2、3、5款	3/3	抽查3段，合格3段	√
	3	隐蔽管道的验收	第9.2.2条第1款	/	检查合格，隐蔽记录编号××	√
	4	系统的冲洗、排污	第9.2.2条第4款	/	试验合格，记录编号××	√
	5	系统的试压	第9.2.3条	/	试验合格，记录编号××	√
	6	阀门的安装	第9.2.4条	5/5	抽查5个，合格5个	√
	7	阀门的检验，试压	第9.2.4条第1款	/	试验合格，记录编号××	√
	8	管道补偿器安装及固定支架	第9.2.5条	/	/	/
一般项目	1	管道的焊接	第9.3.2条	/	/	/
	2	管道的螺纹连接	第9.3.3条	3/3	抽查3段，合格3段	100％
	3	管道的法兰连接	第9.3.4条	/	/	/
	4	钢制管道的安装	第9.3.5条	3/3	抽查3段，合格3段	100％
	5	沟槽式连接管道的安装	第9.3.6条	/	/	/
	6	风机盘管，冷排管等设备管道连接	第9.3.7条	3/3	抽查3段，合格3段	100％
	7	金属管道的支、吊架	第9.3.8条	3/3	抽查3个，合格3个	100％
	8	阀门及其他部件的安装	第9.3.10条	3/3	抽查3个，合格3个	100％
	9	补偿器安装	第9.3.14条	/	/	/

施工单位检查结果	主控项目全部合格，一般项目满足规范要求。 专业工长：××× 项目专业质量检查员：××× ××年×月×日
监理单位验收结论	合格，同意验收。 专业监理工程师：××× ××年×月×日

表 4.6.12　空调冷热（冷却）水系统安装检验批现场验收检查原始记录

单位（子单位）工程名称	筑业软件办公楼建设工程		验收日期	××年×月×日
检验批名称	空调冷热（冷却）水系统安装检验批（金属风管）		对应检验批编号	06100101001

编号	验收项目	验收部位	验收情况记录	备注
主控项目 2	管道的连接安装	三层空调冷热水系统	检查 3 段，固定在建筑结构上的管道吊架，没有影响结构体的安全；穿越防火分区部位，采用不燃材料进行防火封堵	
主控项目 6	阀门的安装	同上	检查 5 个，阀门外观及安装位置、高度、进出口方向符合设计要求，连接牢固紧密	
一般项目 2	管道的螺纹连接	同上	检查 3 段，螺纹清洁规整，无断丝、缺丝现象，管道连接牢固，接口处的外露螺纹为 2～3 扣，无外露填料	
一般项目 4	钢制管道的安装	同上	检查 3 段，管道和管件内、外壁干净；冷（热）水管道与吊架之间，设置衬垫	
一般项目 6	风机盘管，冷排管等设备管道连接	同上	检查 3 段，采用耐压值大于 1.5 倍工作压力的金属柔性接管，连接牢固，无强扭和瘪管；冷凝水排水管的坡度为 10‰，且坡向出水口	
一般项目 7	金属管道的支、吊架	同上	检查 3 个，吊架的形式、位置、间距、标高符合设计要求	
一般项目 8	阀门及其他部件的安装	同上	检查 3 个，阀门安装的位置及进、出口方向正确且便于操作，连接牢固紧密，启闭灵活	

签字栏	专业监理工程师	专业质量检查员	专业工长
	×××	×××	×××

七、建筑电气工程

表4.7.1 成套配电柜、控制柜（台、箱）和配电箱（盘）安装检验批质量验收记录

07040101001

单位（子单位）工程名称	筑业软件办公楼建设工程	分部（子分部）工程名称	建筑电气/电气动力	分项工程名称	成套配电柜、控制柜（台、箱）和配电箱（盘）安装
施工单位	××工程有限公司	项目负责人	×××	检验批容量	2台
分包单位	/	分包单位项目负责人	/	检验批部位	负一层1♯配电室
施工依据	建筑电气施工方案		验收依据	《建筑电气工程施工质量验收规范》GB 50303—2015	

		验收项目	设计要求及规范规定	最小/实际抽样数量	检查记录	检查结果
主控项目	1	金属框架的接地或接零	第5.1.1条	/全	共2台，全部检查，合格2台	√
	2	电击保护和保护导体截面积	第5.1.2条	/全	共2台，全部检查，合格2台	√
	3	手车、抽出式柜的推拉和动、静触头检查	第5.1.3条	/	/	/
	4	高压成套配电柜的交接试验	第5.1.4条	/	/	/
	5	低压成套配电柜的交接试验	第5.1.5条	/	交接试验合格，记录编号××	√
	6	柜间线路绝缘电阻测试	第5.1.6条	1/1	绝缘电阻测试合格，记录编号××	√
		柜间二次回路耐压试验		1/1	试验合格，记录编号××	√
	7	直流柜试验	第5.1.7条	/	/	/
	8	接地故障回路抗阻	第5.1.8条	/	试验合格，记录编号××	√
	9	剩余电流保护器的测试时间及测试值	第5.1.9条	/	检测合格，报告编号××	√
	10	电涌保护器安装	第5.1.10条	/	/	/
	11	IT系统绝缘监测器报警功能	第5.1.11条	/	/	/
	12	照明配电箱（盘）安装	第5.1.12条	/	/	/
	13	变送器电量信号精度等级要求及接收建筑智能化工程的指令要求	第5.1.13条	/	/	/

成套配电柜、控制柜（台、箱）和配电箱（盘）安装检验批质量验收记录

<table>
<tr><td colspan="4">验收项目</td><td>设计要求及
规范规定</td><td>最小/实际
抽样数量</td><td>检查记录</td><td>检查
结果</td></tr>
<tr><td rowspan="13">一般项目</td><td rowspan="5">1</td><td rowspan="5">基础型钢安装允许偏差（mm）</td><td rowspan="2">不直度</td><td>每米</td><td>1</td><td>1/1</td><td>抽查1台，合格1台</td><td>100%</td></tr>
<tr><td>全长</td><td>5</td><td>1/1</td><td>抽查1台，合格1台</td><td>100%</td></tr>
<tr><td rowspan="2">水平度</td><td>每米</td><td>1</td><td>1/1</td><td>抽查1台，合格1台</td><td>100%</td></tr>
<tr><td>全长</td><td>5</td><td>1/1</td><td>抽查1台，合格1台</td><td>100%</td></tr>
<tr><td colspan="2">不平行度（mm/全长）</td><td>5</td><td>1/1</td><td>抽查1台，合格1台</td><td>100%</td></tr>
<tr><td>2</td><td colspan="3">柜、台、箱、盘的布置及安全间距</td><td>第5.2.2条</td><td>/全</td><td>共2台，全部检查，
合格2台</td><td>100%</td></tr>
<tr><td>3</td><td colspan="3">柜、屏、台、箱、盘间或与基础型钢的连接；柜、台、箱进出口防火封堵</td><td>第5.2.3条</td><td>1/1</td><td>抽查1台，合格1台</td><td>100%</td></tr>
<tr><td>4</td><td colspan="3">室外安装落地式配电（控制）柜的要求</td><td>第5.2.4条</td><td>/</td><td>/</td><td>/</td></tr>
<tr><td rowspan="3">5</td><td colspan="2" rowspan="3">柜、屏、台、箱、盘安装允许偏差</td><td>垂直度（‰）</td><td>≤1.5</td><td>1/1</td><td>抽查1台，合格1台</td><td>100%</td></tr>
<tr><td>相互间接缝（mm）</td><td>≤2</td><td>1/1</td><td>抽查1台，合格1台</td><td>100%</td></tr>
<tr><td>成列盘面（mm）</td><td>≤5</td><td>/</td><td>/</td><td>/</td></tr>
<tr><td>6</td><td colspan="3">柜、屏、台、箱、盘内部检查试验</td><td>第5.2.6条</td><td>1/1</td><td>抽查1台，合格1台</td><td>100%</td></tr>
<tr><td>7</td><td colspan="3">低压电器组合</td><td>第5.2.7条</td><td>/</td><td>/</td><td>/</td></tr>
<tr><td rowspan="5">一般项目</td><td>8</td><td colspan="3">柜、屏、台、箱、盘间配线</td><td>第5.2.8条</td><td>1/1</td><td>抽查1台，合格1台</td><td>100%</td></tr>
<tr><td>9</td><td colspan="3">连接柜、屏、台、箱、盘面板上的电器连接导线</td><td>第5.2.9条</td><td>1/1</td><td>抽查1台，合格1台</td><td>100%</td></tr>
<tr><td rowspan="4">10</td><td colspan="2" rowspan="4">照明配电箱（盘）安装</td><td>安装质量</td><td rowspan="3">第5.2.10条</td><td>/</td><td>/</td><td>/</td></tr>
<tr><td>箱（盘）内回路编号及标识</td><td>/</td><td>/</td><td>/</td></tr>
<tr><td>箱（盘）制作材料</td><td>/</td><td>/</td><td>/</td></tr>
<tr><td>垂直度（‰）</td><td>≤1.5</td><td>/</td><td>/</td><td>/</td></tr>
<tr><td colspan="4">施工单位
检查结果</td><td colspan="4">主控项目全部合格，一般项目满足规范要求。　　专业工长：×××
项目专业质量检查员：×××
　　　　　　　　　　　　×× 年 × 月 × 日</td></tr>
<tr><td colspan="4">监理单位
验收结论</td><td colspan="4">合格，同意验收。　　　　专业监理工程师：×××
　　　　　　　　　　　　×× 年 × 月 × 日</td></tr>
</table>

表 4.7.2 成套配电柜、控制柜（台、箱）和配电箱（盘）安装检验批现场验收检查原始记录

共 1 页　第 1 页

单位（子单位）工程名称	筑业软件办公楼建设工程		验收日期	××年×月×日
检验批名称	成套配电柜、控制柜（台、箱）和配电箱（盘）安装检验批		对应检验批编号	07040101001

编号	验收项目	验收部位	验收情况记录	备注
主控项目 1	金属框架及其基础型钢的接地或接零	1#配电柜基础 2#配电柜基础	采用 6mm² 旷的黄绿双色绝缘铜芯软导线连接，且有标识	
主控项目 2	电击保护和保护导体截面积	1#配电柜 2#配电柜	有可靠的防电击保护装置，且装置内 PE 排采用 4mm² 地线与外部保护接地导体端子可靠连接	
一般项目 1	基础型钢安装	1#配电柜基础	不直度为 0.5mm/m，全长为 1.2mm；水平度为 0.4mm/m，全长为 1.1mm；不平行度为 0，全长为 0	
一般项目 2	柜、台、箱、盘的布置及安全间距	1#配电柜 2#配电柜	布置合理，安全距离符合设计要求	
一般项目 3	柜、屏、台、箱、盘间或与基础型钢的连接；柜、台、箱进出口防火封堵	2#配电柜	2#配电柜与基础型钢采用 6 只镀锌螺栓连接；柜箱进出口采用防火包封堵，封堵严密	
一般项目 5	柜、屏、台、箱、盘安装允许偏差	1#配电柜	安装牢固，正上方无水管穿过，垂直度符合允许偏差，相互间接缝为 1.5mm	
一般项目 6	柜、屏、台、箱、盘内部检查试验	1#配电柜	控制开关及保护装置的规格、型号符合设计要求；闭锁装置动作准确、可靠；标明被控设备编号及名称，接线端子编号清晰、工整	
一般项目 8	柜、屏、台、箱、盘间配线	2#配电柜	导体截面积为 4mm²，二次回路连线成束绑扎，有标识；线缆的弯曲半径大于线缆允许弯曲半径；对线芯无损伤	
一般项目 9	连接柜、屏、台、箱、盘面板上的电器连接导线	2#配电柜	采用多芯铜芯绝缘软导线连接，敷设长度留有适当裕量；线束有外套塑料管	

签字栏	专业监理工程师	专业质量检查员	专业工长
	×××	×××	×××

表 4.7.3　梯架、托盘和槽盒安装检验批质量验收记录

07040501001

单位（子单位）工程名称		筑业软件办公楼建设工程	分部（子分部）工程名称	建筑电气/电气动力	分项工程名称	梯架、支架、托盘和槽盒安装	
施工单位		××工程有限公司	项目负责人	×××	检验批容量	槽盒 20 件	
分包单位		/	分包单位项目负责人	/	检验批部位	地下 1 层	
施工依据		建筑电气施工方案		验收依据	《建筑电气工程施工质量验收规范》GB 50303—2015		

		验收项目	设计要求及规范规定	最小/实际抽样数量	检查记录	检查结果
主控项目	1	梯架、托盘和槽盒之前的连接	第11.1.1条	/	/	/
		非镀锌梯架、托盘和槽盒本体之间的连接		/	/	/
		镀锌梯架、托盘和槽盒本体之间的连接		4/4	抽查4处，合格4处	√
	2	电缆梯架、托盘和槽盒转弯、分支处的连接配件最小弯曲半径	第11.1.2条	1/1	抽查1处，合格1处	√
一般项目	1	伸缩节及补偿装置的设置	第11.2.1条	/	/	/
	2	梯架、托盘和槽盒与支架间及与连接板的固定	第11.2.2条	4/4	抽查4处，合格4处	100%
		铝合金梯架、托盘和槽盒与钢支架固定及防电化腐蚀措施		/	/	/
	3	设计无要求时，梯架、托盘、槽盒及支架安装	第11.2.3条第1～5款	/全	共20个，全部检查，合格20个	100%
		承力建筑钢结构构件	第11.2.3条第6款	/	/	/
		水平、垂直安装的支架间距	第11.2.3条第7款	/	/	/
		采用金属吊架固定时，圆钢直径	≮8mm	2/2	抽查2处，合格2处	100%
	4	支吊架的设置要求；与预埋件焊接固定要求	第11.2.4条	2/2	抽查2处，合格2处	100%
	5	金属支架的防腐	第11.2.5条	2/2	抽查2处，合格2处	100%

施工单位检查结果	主控项目全部合格，一般项目满足规范要求。　　　专业工长：××× 项目专业质量检查员：××× ××年×月×日
监理单位验收结论	合格，同意验收。　　　专业监理工程师：××× ××年×月×日

表 4.7.4 梯架、托盘和槽盒安装检验批现场验收检查原始记录

单位（子单位）工程名称	筑业软件办公楼建设工程		验收日期	××年×月×日
检验批名称	梯架、托盘和槽盒安装检验批		对应检验批编号	07040501001
编号	验收项目	验收部位	验收情况记录	备注
主控项目 1	镀锌梯架、托盘和槽盒本体之间的连接	地下 1 层	检查 4 处，连接板每端有 4 个有防松螺帽连接固定螺栓	
主控项目 2	电缆梯架、托盘和槽盒转弯、分支处的连接配件最小弯曲半径	同上	在转弯处采用专用连接配件，其弯曲半径大于 10 倍所穿橡皮绝缘电缆直径	
一般项目 2	梯架、托盘和槽盒与支架间及与连接板的固定	同上	检查 4 处，槽盒与支架间及与连接板的固定螺栓紧固无遗漏，螺母位于槽盒外侧	
一般项目 3	设计无要求时，梯架、托盘、槽盒及支架安装	同上	共检查 20 个，槽盒敷设在热力管道的下方，净距为 0.7m	
	采用金属吊架固定时，圆钢直径	同上	10mm、10mm	
一般项目 4	支吊架的设置要求；与预埋件焊接固定要求	同上	检查 2 处，吊架安装牢固、无明显扭曲；与预埋件焊接固定，焊缝饱满	
一般项目 5	金属支架的防腐	同上	检查 2 处，已进行防腐处理	
签字栏	专业监理工程师		专业质量检查员	专业工长
	×××		×××	×××

表 4.7.5　导管敷设检验批质量验收记录

07050401001

单位（子单位）工程名称		筑业软件办公楼建设工程	分部（子分部）工程名称	建筑电气/电气照明	分项工程名称	导管敷设
施工单位		××工程有限公司	项目负责人	×××	检验批容量	16 回路
分包单位		/	分包单位项目负责人	/	检验批部位	2 层顶板
施工依据		建筑电气施工方案		验收依据	《建筑电气工程施工质量验收规范》GB 50303—2015	

		验收项目	设计要求及规范规定	最小/实际抽样数量	检查记录	检查结果
主控项目	1	金属导管与保护导体可靠连接	第12.1.1条	5/5	抽查 5 处，合格 5 处	√
	2	金属导管的连接	第12.1.2条	/	/	/
	3	绝缘导管在砌体剔槽埋设	第12.1.3条	/	/	/
	4	预埋套管的设置及要求	第12.1.4条	/	/	/
一般项目	1	导管的弯曲半径	第12.2.1条	4/4	抽查 4 个，合格 4 个	100%
	2 导管支架安装	承力建筑钢结构构件上不得熔焊导管支架，且不得热加工开孔	第12.2.2条第1款	/	/	/
		金属吊架固定	第12.2.2条第2款	/	/	/
		金属支架防腐	第12.2.2条第3款	/	/	/
		导管支架安装质量	第12.2.2条第4款	/	/	/
	3	暗配导管的埋设	第12.2.3条	2/2	抽查 2 回路，合格 2 回路	100%
	4	导管的管口设置和处理	第12.2.4条	/	/	/
	5	室外导管敷设	第12.2.5条	/	/	/
	6	明配导管的敷设要求	第12.2.6条	/	/	/
	7 塑料导管敷设要求	管口应平滑，器件连接	第12.2.7条第1款	/	/	/
		刚性塑料导管保护措施	第12.2.7条第2款	/	/	/
		塑料导管的型号	第12.2.7条第3款	/	/	/
		刚性塑料导管温度补偿装置的装设	第12.2.7条第4款	/	/	/
	8	刚性导管与电器设备、器具连接	第12.2.8条第1款	/	/	/
		金属导管或柔性导管与刚性导管连接处的处理	第12.2.8条第2款	/	/	/

189

表 4.7.1 导管敷设检验批质量验收记录

续表 07050401001

		验收项目	设计要求及规范规定	最小/实际抽样数量	检查记录	检查结果
一般项目	8 可弯曲金属导管或柔性导管的敷设要求	可弯曲金属导管保护措施	第12.2.8条第3款	/	/	/
		明配金属、非金属柔性导管固定点间距	第12.2.8条第4款	/	/	/
		可弯曲金属导管和金属柔性导管不应做保护导体的接续导体	第12.2.8条第5款	/	/	/
	导管敷设要求	防水套管处理	第12.2.9条第1款	/	/	/
		导管跨越建筑物变形缝应设置补偿装置	第12.2.9条第2款	1/1	抽查1处，合格1处	100%
		钢导管防腐处理	第12.2.9条第3款	/	/	/
	9 导管间敷设的最小距离（mm）	导管在热水管道上面平行、交叉敷设	300	/	/	/
		导管在蒸汽管道上面平行、交叉敷设	1000	/	/	/
		导管在热水管道下面或水平平行、交叉敷设	200	/	/	/
		导管在蒸汽管道下面或水平平行、交叉敷设	500	/	/	/
		对有保温措施的热水管、蒸汽管	200	/	/	/
		对不含可燃及易燃易爆气体的其他管道平行、交叉敷设	100	/	/	/
		对含可燃及易燃易爆气体的管道交叉敷设	100	/	/	/
		达不到规定距离时应采取可靠有效的隔离保护措施	第12.2.9条第4款	/	/	/
施工单位检查结果		主控项目全部合格，一般项目满足规范要求。	专业工长：××× 项目专业质量检查员：××× ××年×月×日			
监理单位验收结论		合格，同意验收。	专业监理工程师：××× ××年×月×日			

表 4.7.6 导管敷设检验批现场验收检查原始记录

共 1 页　第 1 页

单位（子单位）工程名称	筑业软件办公楼建设工程		验收日期		××年×月×日
检验批名称	导管敷设检验批		对应检验批编号		07050401001
编号	验收项目	验收部位	验收情况记录		备注
主控项目 1	金属导管与保护导体可靠连接	2 层顶板	检查 5 处，金属导管，管与管、管与盒（箱）体的连接配件选用专用紧定式部件连接		
一般项目 1	导管的弯曲半径	同上	导管的弯曲半径大于管外径的 6 倍		
一般项目 3	暗配导管的埋设深度与建筑物、构筑物表面距离	同上	18mm，17mm		
一般项目 9	导管跨越建筑物变形缝应设置补偿装置	同上	检查 1 处，设置变形缝		
签字栏	专业监理工程师		专业质量检查员		专业工长
	×××		×××		×××

191

表 4.7.7 电缆敷设检验批质量验收记录

07030501001

单位（子单位）工程名称	筑业软件办公楼建设工程	分部（子分部）工程名称	建筑电气/供电干线安装工程	分项工程名称	电缆敷设
施工单位	××工程有限公司	项目负责人	×××	检验批容量	24 回路
分包单位	/	分包单位项目负责人	/	检验批部位	一单元 1～10 层
施工依据	建筑电气施工方案		验收依据	《建筑电气工程施工质量验收规范》GB 50303—2015	

		验收项目	设计要求及规范规定	最小/实际抽样数量	检查记录	检查结果
主控项目	1	金属电缆支架与保护导体可靠连接	第13.1.1条	/	见隐蔽工程验收记录，编号××	√
	2	电缆敷设质量	第13.1.2条	/全	共24回路，全部检查，合格24回路	√
	3	电缆敷设采取的防护措施	第13.1.3条	/	/	/
	4	并联使用的电力电缆型号、规格、长度应相同	第13.1.4条	/	/	/
	5	电缆不得单根独穿钢导管的要求及固定用的夹具和支架不应形成闭合磁路	第13.1.5条	/	/	/
	6	电缆接地线的要求	第13.1.6条	2/2	抽查2回路，合格2回路	√
	7	电缆的敷设和排列布置	第13.1.7条	/全	共24回路，全部检查，合格24回路	√
一般项目	1	除设计要求外，承力建筑钢结构构件上不得熔焊支架，且不得热加工开孔	第13.2.1条第1款	/	/	/
		电缆支架安装	第13.2.1条第2～6款	6/6	抽查6处，合格6处	100%
	2	电缆的敷设要求	第13.2.2条	5/5	抽查5处，合格5处	100%
	3	电缆的回填	第13.2.3条	/	/	/
	4	电缆的首端、末端和分支处设标志牌；直埋电缆设标志桩	第13.2.4条	2/2	抽查2处，合格2处	100%

施工单位检查结果	主控项目全部合格，一般项目满足规范要求。	专业工长：××× 项目专业质量检查员：××× ××年×月×日
监理单位验收结论	合格，同意验收。	专业监理工程师：××× ××年×月×日

表 4.7.8 电缆敷设检验批现场验收检查原始记录

共 1 页 第 1 页

单位（子单位）工程名称	筑业软件办公楼建设工程		验收日期	××年×月×日	
检验批名称	电缆敷设检验批		对应检验批编号	07030501001	
编号	验收项目	验收部位	验收情况记录		备注
主控项目 2	电缆敷设质量	一单元 1～10 层	检查 24 回路，电缆无绞拧、护层断裂和表面严重划伤等缺陷		
主控项目 6	电缆接地线的要求	同上	检查 2 回路，电缆穿过零序电流互感器时，电缆金属防护层和接地线对地绝缘		
主控项目 7	电缆的敷设和排列布置	同上	检查 24 回路，电缆敷设和排列布置符合设计要求		
一般项目 1	电缆支架安装	同上	检查 6 处，支架安装牢固、无明显扭曲，与预埋件焊接固定，焊缝饱满；且已进行防腐处理		
一般项目 2	电缆的敷设要求	同上	检查 5 处，电缆的敷设顺直、整齐，无交叉，转弯处的最小弯曲半径大于 15 倍电缆直径；电气竖井内敷设的电缆在每个支架上固定且在电缆出入电气竖井处以及管子管口处等部位采取防火或密封措施		
一般项目 4	电缆的首端、末端和分支处设标志牌；直埋电缆设标志桩	同上	检查 2 处，电缆的首端、末端和分支处已设标志牌		
签字栏	专业监理工程师		专业质量检查员		专业工长
	×××		×××		×××

表 4.7.9 管内穿线和槽盒内敷线检验批质量验收记录

07050601001

单位（子单位）工程名称	筑业软件办公楼建设工程	分部（子分部）工程名称	建筑电气/电气照明安装工程	分项工程名称	管内穿线和槽盒内敷线
施工单位	××工程有限公司	项目负责人	×××	检验批容量	16 回路
分包单位	/	分包单位项目负责人	/	检验批部位	2 层
施工依据	建筑电气施工方案		验收依据	《建筑电气工程施工质量验收规范》GB 50303—2015	

		验收项目	设计要求及规范规定	最小/实际抽样数量	检查记录	检查结果
主控项目	1	同一交流回路的绝缘导线敷设	第 14.1.1 条	4/4	抽查 4 回路，合格 4 回路	√
	2	绝缘导线穿管	第 14.1.2 条	4/4	抽查 4 回路，合格 4 回路	√
	3	绝缘导线的接头设置	第 14.1.3 条	2/2	抽查 2 回路，合格 2 回路	√
一般项目	1	绝缘导线的保护措施	第 14.2.1 条	2/2	抽查 2 回路，合格 2 回路	100%
	2	绝缘导线的穿管要求	第 14.2.2 条	8/8	抽查 8 根，合格 8 根	100%
	3	接线盒（箱）的选用及质量	第 14.2.3 条	/全	共 26 处，检查 26 处，全部合格	100%
	4	同一建筑物、构筑物内电线绝缘层颜色的选择	第 14.2.4 条	2/2	抽查 2 回路，合格 2 回路	100%
	5	槽盒内敷线	第 14.2.5 条	5/5	抽查 5m，合格 5m	100%

施工单位检查结果	主控项目全部合格，一般项目满足规范要求。　　　　专业工长：××× 项目专业质量检查员：××× 　　　　　　　　　　××年×月×日
监理单位验收结论	合格，同意验收。 　　　　　专业监理工程师：××× 　　　　　　　　　　××年×月×日

表 4.7.10　管内穿线和槽盒内敷线检验批现场验收检查原始记录

单位（子单位） 工程名称	筑业软件办公楼建设工程		验收日期	××年×月×日
检验批名称	管内穿线和槽盒内敷线检验批质量验收记录		对应检验批编号	07050601001
编号	验收项目	验收部位	验收情况记录	备注
主控项目1	同一交流回路的绝缘导线敷设	2层	检查4回路，同一交流回路的绝缘导线没有穿于不同金属导管内	
主控项目2	绝缘导线穿管	同上	检查4回路，不同回路的绝缘导线没有穿于同一金属导管内	
主控项目3	绝缘导线的接头设置	同上	检查2回路，绝缘导线接头设置在专用接线盒内，没有设置在导管和槽盒内，接线盒的设置位置便于检修	
一般项目1	绝缘导线的保护措施	同上	检查2回路，绝缘导线采取导管和槽盒保护，无外露明敷现象	
一般项目2	绝缘导线的穿管要求	同上	检查8根，管内无杂物和积水且已装设护线扣	
一般项目3	接线盒（箱）的选用及质量	同上	检查26处，与槽盒连接的接线盒采用明装盒，盖板齐全，完好	
一般项目4	同一建筑物、构筑物内电线绝缘层颜色的选择	同上	检查2回路，绝缘导线绝缘层颜色一致	
一般项目5	槽盒内敷线	同上	检查5m，同一槽盒内仅有绝缘导线；导线总截面面积没有超过槽盒内截面面积的40%；绝缘导线在槽盒内留有一定余量，并按回路分段绑扎，绑扎点间距为1.2m；槽盒盖板复位，齐全、平整、牢固	
签字栏	专业监理工程师		专业质量检查员	专业工长
	×××		×××	×××

表 4.7.11 普通灯具安装检验批质量验收记录

07051001001

单位（子单位）工程名称	筑业软件办公楼建设工程		分部（子分部）工程名称	建筑电气/电气照明安装工程	分项工程名称		普通灯具安装
施工单位	××工程有限公司		项目负责人	×××	检验批容量		200 套
分包单位	/		分包单位项目负责人	/	检验批部位		一单元 1～6 层户内灯具
施工依据	建筑电气施工方案			验收依据	《建筑电气工程施工质量验收规范》GB 50303—2015		

		验收项目	设计要求及规范规定	最小/实际抽样数量	检查记录	检查结果
主控项目	1	灯具固定质量	第18.1.1条第1款	10/10	抽查10套，合格10套	√
		大于10kg的灯具，固定及悬吊装置的强度试验	第18.1.1条第2款	/	/	/
	2	悬吊式灯具安装	第18.1.2条	3/3	抽查3套，合格3套	√
	3	吸顶或墙面上安装的灯具固定	第18.1.3条	8/8	抽查8套，合格8套	√
	4	由线盒引至嵌入式灯具或槽灯的绝缘导线	第18.1.4条	10/10	抽查10套，合格10套	√
	5	普通灯具的 I 类灯具外露可导电部分的要求	第18.1.5条	10/10	抽查10套，合格10套	√
	6	敞开式灯具的灯头对地面距离	第18.1.6条	/	/	/
	7	埋地灯安装	第18.1.7条	/	/	/
	8	庭院灯、建筑物附属路灯安装	第18.1.8条	/	/	/
	9	大型灯具的玻璃罩安装及防止玻璃罩向下溅落的措施	第18.1.9条	/	/	/
	10	LED灯具安装	第18.1.10条	/	/	/
一般项目	1	引向单个灯具的绝缘导线截面积	$<1mm^2$	10/10	抽查10套，合格10套	100%
		绝缘铜芯导线的线芯截面积	第18.2.1条	10/10	抽查10套，合格10套	100%
	2	灯具的外形，灯头及其接线检查	第18.2.2条	10/10	抽查10套，合格10套	100%
	3	灯具表面及其附件的高温部位靠近可燃物时采取的措施	第18.2.3条	/	/	/
	4	高低压配电设备、裸母线及电梯曳引机正上方不应安装灯具	第18.2.4条	/	/	/
	5	投光灯的底座及其支架、枢轴	第18.2.5条	/	/	/
	6	聚光灯和类似灯具出光口面与被照物体的最短距离	第18.2.6条	/	/	/
	7	导轨灯的灯具功率和载荷	第18.2.7条	/	/	/
	8	露天灯具的安装及防腐和防水措施	第18.2.8条	/	/	/
	9	槽盒底部的荧光灯的安装	第18.2.9条	/	/	/
	10	庭院灯、建筑物附属路灯安装	第18.2.10条	/	/	/
施工单位检查结果		主控项目全部合格，一般项目满足规范要求。		专业工长：××× 项目专业质量检查员：××× ××年×月×日		
监理单位验收结论		合格，同意验收。		专业监理工程师：××× ××年×月×日		

表 4.7.12 普通灯具安装检验批现场验收检查原始记录

单位（子单位）工程名称	筑业软件办公楼建设工程		验收日期	××年×月×日
检验批名称	普通灯具安装检验批		对应检验批编号	07051001001

编号	验收项目	验收部位	验收情况记录	备注
主控项目 1	灯具固定	一单元 1～6 层户内灯具	检查 10 套，灯具固定牢固可靠，在砌体和混凝土结构上没有使用木楔、尼龙塞和塑料塞固定	
主控项目 2	悬吊式灯具安装	同上	检查 3 套，采用内径为 12mm，壁厚 2mm 的钢管作灯具吊杆	
主控项目 3	吸顶或墙面上安装的灯具固定	同上	检查 8 套，每套灯具用 3 个螺栓固定，紧贴饰面	
主控项目 4	由线盒引至嵌入式灯具或槽灯的绝缘导线	同上	检查 10 套，绝缘导线采用柔性导管保护，与灯具壳体采用专用接头连接，灯槽内无明敷现象	
主控项目 5	普通灯具的 I 类灯具外露可导电部分的要求	同上	检查 10 套，外露可导电部分采用铜芯软导线与保护导体可靠连接，连接处设置接地标识，铜芯软导线的截面积与进入灯具的电源线截面积相同	
一般项目 1	引向单个灯具的绝缘导线截面积	一单元 1～101 灯具 一单元 1～102 灯具 一单元 1～103 灯具 一单元 2～204 灯具 一单元 3～301 灯具 一单元 3～303 灯具 一单元 4～403 灯具 一单元 5～502 灯具 一单元 5～504 灯具 一单元 6～601 灯具	$2.5mm^2$ $2.5mm^2$ $2.5mm^2$ $2.5mm^2$ $2.5mm^2$ $2.5mm^2$ $2.5mm^2$ $2.5mm^2$ $2.5mm^2$ $2.5mm^2$	
	绝缘铜芯导线的线芯截面积	一单元 1～6 层户内灯具	检查 10 套，绝缘导线截面积与灯具功率匹配	
一般项目 2	灯具的外形，灯头及其接线检查	同上	检查 10 套，灯具及其配件齐全，无机械损伤、变形、涂层剥落和灯罩破裂等缺陷；连接灯具的软线盘扣、搪锡压线	

签字栏	专业监理工程师	专业质量检查员	专业工长
	×××	×××	×××

表 4.7.13 接地装置安装检验批质量验收记录

07070101001

单位（子单位）工程名称	筑业软件办公楼建设工程	分部（子分部）工程名称	建筑电气/防雷及接地装置安装工程	分项工程名称	接地装置安装
施工单位	××工程有限公司	项目负责人	×××	检验批容量	10 处
分包单位	/	分包单位项目负责人	/	检验批部位	综合接地系统
施工依据	建筑电气施工方案		验收依据	《建筑电气工程施工质量验收规范》GB 50303—2015	

		验收项目	设计要求及规范规定	最小/实际抽样数量	检查记录	检查结果
主控项目	1	接地装置在地面以上的部分测试点设置及标识	第22.1.1条	/全	共4处，全部检查，合格4处	√
	2	接地装置的接地电阻值	第22.1.2条	/	检测合格，测试记录编号××	√
	3	接地装置的材料规格、型号	第22.1.3条	/	质量证明文件齐全、有效，进厂检验合格，记录编号××	√
	4	当接地电阻达不到设计要求采取措施降低接地电阻	第22.1.4条	/	/	/
一般项目	1	接地装置埋设深度、间距	第22.2.1条	/全	共10处，全部检查，合格10处	100%
		人工接地体与建筑物外墙或基础的水平距离	≮1m	/	/	/
	2	接地装置的焊接及防腐	第22.2.2条	1/1	抽查1处，合格1处	100%
	3	接地极为铜材和钢材组成连接，采用热剂焊时的表面质量	第22.2.3条	1/1	抽查1处，合格1处	100%
	4	采取降阻措施的接地装置	第22.2.4条	/	/	/

施工单位检查结果	主控项目全部合格，一般项目满足规范要求。 专业工长：××× 项目专业质量检查员：××× ××年×月×日
监理单位验收结论	合格，同意验收。 专业监理工程师：××× ××年×月×日

表 4.7.14 接地装置检验批现场验收检查原始记录

单位（子单位）工程名称	筑业软件办公楼建设工程		验收日期	××年×月×日
检验批名称	接地装置安装检验批		对应检验批编号	07070101001
编号	验收项目	验收部位	验收情况记录	备注
主控项目 1	接地装置在地面以上的部分测试点设置及标识	外墙测试点	检查 4 处，测试点有明显标识	
一般项目 1	接地装置埋设深度、间距	基础筏板 1～8/A～D 轴	检查 10 处，接地装置顶面埋设深度为 0.8m，铜管垂直埋入地下，间距为 8m	
一般项目 2	接地装置的焊接及防腐	同上	检查 1 处，采用搭接焊，扁钢与扁钢搭接为扁钢宽度的 2 倍，且三面施焊	
一般项目 3	接地极为铜材和钢材组成连接，采用热剂焊时的表面质量	同上	检查 1 处，采用热剂焊，接头无贯穿性的气孔且表面平滑	
签字栏	专业监理工程师 ×××	专业质量检查员 ×××	专业工长 ×××	

表 4.7.15 塑料护套线直敷布线检验批质量验收记录

07050701001

单位（子单位）工程名称		筑业软件办公楼建设工程	分部（子分部）工程名称	建筑电气/电气照明安装工程	分项工程名称	塑料护套线直敷布线
施工单位		××工程有限公司	项目负责人	×××	检验批容量	40m
分包单位		/	分包单位项目负责人	/	检验批部位	一单元电缆井1～10层
施工依据		建筑电气施工方案		验收依据	《建筑电气工程施工质量验收规范》GB 50303—2015	

		验收项目	设计要求及规范规定	最小/实际抽样数量	检查记录	检查结果
主控项目	1	塑料护套线敷设位置	第15.1.1条	/全	共40m，全部检查，合格40m	√
	2	塑料护套线与保护导体等易受机械损伤的部位采取保护措施	第15.1.2条	/全	共40m，全部检查，合格40m	√
	3	塑料护套线保护措施	第15.1.3条	/	/	/
一般项目	1	塑料护套线侧弯或平弯弯曲半径	第15.2.1条	1/1	抽查1处，合格1处	100%
	2	塑料护套线密封	第15.2.2条	/全	共3处，全部检查，合格3处	100%
	3	塑料护套线的固定	第15.2.3条	3/3	抽查3处，合格3处	100%
	4	多根塑料护套线平行敷设要求	第15.2.4条	/	/	/

施工单位检查结果	主控项目全部合格，一般项目满足规范要求。 专业工长：××× 项目专业质量检查员：××× ××年×月×日
监理单位验收结论	合格，同意验收。 专业监理工程师：××× ××年×月×日

表 4.7.16 塑料护套线直敷布线检验批现场验收检查原始记录

单位（子单位）工程名称	筑业软件办公楼建设工程		验收日期	××年×月×日	
检验批名称	塑料护套线直敷布线检验批		对应检验批编号	07050701001	
编号	验收项目	验收部位	验收情况记录		备注
主控项目 1	塑料护套线敷设位置	一单元电缆井 1～10 层	检查 40m，没有直接敷设在建筑物顶棚内、墙体内、抹灰层内、保温层内或装饰面内		
主控项目 2	塑料护套线与保护导体等易受机械损伤的部位采取保护措施	同上	检查 40m，在易受机械损伤的部位采取套管保护		
一般项目 1	塑料护套线侧弯或平弯弯曲半径	同上	检查 1 处，弯曲处护套和导线绝缘层完整无损伤，平弯弯曲半径大于护套线宽度和厚度的 3 倍		
一般项目 2	塑料护套线密封	同上	检查 3 处，护套层进入盒内，护套层与盒入口处密封		
一般项目 3	塑料护套线的固定	同上	检查 3 处，采用线卡固定，固定点间距均匀、不松动，固定点间距为 180mm；固定顺直，无松弛、扭绞现象		
签字栏	专业监理工程师		专业质量检查员		专业工长
	×××		×××		×××

表 4.7.17　开关、插座、风扇安装检验批质量验收记录

07051201001

单位（子单位）工程名称	筑业软件办公楼建设工程	分部（子分部）工程名称	建筑电气/电气照明	分项工程名称	开关、插座、风扇安装
施工单位	××工程有限公司	项目负责人	×××	检验批容量	插座：36套 开关：44套
分包单位	/	分包单位项目负责人	/	检验批部位	一单元1层户内
施工依据	建筑电气施工方案		验收依据	《建筑电气工程施工质量验收规范》 GB 50303—2015	

		验收项目	设计要求及规范规定	最小/实际抽样数量	检查记录	检查结果
主控项目	1	交流、直流或不同电压等级在同一场所的插座应有明显区别；配套插头按交流、直流或不同电压等级区分使用	第20.1.1条	2/2	抽查2套，合格2套	√
	2	不间断电源插座及应急电源插座设置标识	第20.1.2条	/	/	/
	3	插座接线	第20.1.3条	2/2	抽查2套，合格2套	√
	4	照明开关安装　同一建筑物开关的品种、通断位置及操作	第20.1.4条第1款	3/3	抽查3套，合格3套	√
		相线经开关控制	第20.1.4条第2款	3/3	抽查3套，合格3套	√
		紫外线杀菌灯开关标识及位置	第20.1.4条第3款	/	/	/
	5	温控器接线、显示屏指示	第20.1.5条	/	/	/
	6	吊扇安装	第20.1.6条	/	/	/
	7	壁扇安装	第20.1.7条	/	/	/
一般项目	1	暗装的插座盒或开关盒	第20.2.1条	8/8	抽查8套，合格8套	100%
	2	插座安装	第20.2.2条	4/4	抽查4套，合格4套	100%
	3	照明开关安装	第20.2.3条	5/5	抽查5套，合格5套	100%
	4	温控器安装	第20.2.4条	/	/	/
	5	吊扇安装	第20.2.5条	/	/	/
	6	壁扇安装	第20.2.6条	/	/	/
	7	换气扇安装	第20.2.7条	/	/	/
施工单位检查结果	主控项目全部合格，一般项目满足规范要求。			专业工长：××× 项目专业质量检查员：××× ××年×月×日		
监理单位验收结论	合格，同意验收。			专业监理工程师：××× ××年×月×日		

表 4.7.18　开关、插座、风扇安装检验批现场验收检查原始记录

单位（子单位）工程名称	筑业软件办公楼建设工程		验收日期	××年×月×日	
检验批名称	开关、插座、风扇安装检验批		对应检验批编号	07051201001	
编号	验收项目	验收部位	验收情况记录		备注
主控项目 1	交流、直流或不同电压等级在同一场所的插座应有明显区别；配套插头按交流、直流或不同电压等级区分使用	一单元 1 层户内	检查 2 套，不同电压等级的插座安装在同一场所时，有明显的区别		
主控项目 3	插座接线	同上	检查 2 套，其中一套为单相两孔插座，面对插座的右孔与相线连接，左孔与中性导体（N）连接。另一套为单相三孔插座，面对插座的右孔与相线连接，左孔与中性导体（N）连接，上孔与保护接地导体（PE）连接		
主控项目 4	照明开关安装	同上	检查 3 套，采用同一系列的产品，通断位置一致，且操作灵活、接触可靠		
			检查 3 套，相线经开关控制		
一般项目 1	暗装的插座盒或开关盒	同上	检查 8 套，暗装的插座盒和开关盒与饰面平齐，盒内干净整洁，无锈蚀，绝缘导线没有裸露在装饰层内；面板紧贴饰面、四周无缝隙、暗装牢固，表面光滑，无碎裂、划伤，装饰板齐全		
一般项目 2	插座安装	同上	检查 4 套，安装高度符合设计要求		
一般项目 3	照明开关安装	同上	检查 5 套，安装高度符合设计要求；开关安装位置便于操作		
签字栏	专业监理工程师		专业质量检查员		专业工长
	×××		×××		×××

表 4.7.19　防雷引下线及接闪器安装检验批质量验收记录

07070201001

单位（子单位）工程名称	筑业软件办公楼建设工程		分部（子分部）工程名称	建筑电气/防雷及接地	分项工程名称	防雷引下线及接闪器安装	
施工单位	××工程有限公司		项目负责人	×××	检验批容量	12 处	
分包单位	/		分包单位项目负责人	/	检验批部位	1～8/A～D轴屋面	
施工依据	建筑电气施工方案			验收依据	《建筑电气工程施工质量验收规范》GB 50303—2015		

		验收项目		设计要求及规范规定	最小/实际抽样数量	检查记录	检查结果
主控项目	1	防雷引下线的布置、安装数量和连接方式	明敷	第24.1.1条	/	/	/
			结构或抹灰层内敷设		/	/	/
	2	接闪器的布置、规格及数量		第24.1.2条	/	见材料构配件进场验收记录，编号××	√
	3	接闪器与防雷引下线连接		第24.1.3条	/全	共12处，全部检查，合格12处	√
		防雷引下线与接地装置连接			/	/	/
	4	永久性金属物做接闪器时的材质及截面要求及各部件间连接		第24.1.4条	/	/	/
一般项目	1	暗敷在建筑物抹灰层内的引下线的固定		第24.2.1条	/	/	/
		明敷引下线敷设质量及固定方式；焊接处的防腐			/	/	/
	2	设计要求接地的幕墙金属框架和建筑物的金属门窗防雷引下线连接及防腐		第24.2.2条	/	/	/
	3	接闪杆、接闪线、接闪带安装位置及安装方式		第24.2.3条	/全	共12处，全部检查，合格12处	100%
	4	防雷引下线、接闪线、接闪网和接闪带的焊接连接搭接长度及要求		第24.2.4条	/	见隐蔽工程验收记录，编号××	√
	5	接闪线和接闪带安装	安装及固定质量	第24.2.5条第1款	/全	共12处，全部检查，合格11处	92%
			固定支架的最小高度及间距	第24.2.5条第2款	/	/	/
			每个固定支架应能承受49N的垂直拉力	第24.2.5条第3款	/	见避雷带支架拉力测试记录，编号××	√
	6	接闪带或接闪网在变形缝处的补偿措施		第24.2.6条	/	/	/
施工单位检查结果	主控项目全部合格，一般项目满足规范要求。				专业工长：×××项目专业质量检查员：×××　　　　　　　　　　　××年×月×日		
监理单位验收结论	合格，同意验收。				专业监理工程师：×××　　　　　　　　　　　××年×月×日		

表 4.7.20 防雷引下线及接闪器安装检验批现场验收检查原始记录

单位（子单位）工程名称	筑业软件办公楼建设工程		验收日期	××年×月×日	
检验批名称	防雷引下线及接闪器安装检验批		对应检验批编号	07070201001	
编号	验收项目	验收部位	验收情况记录		备注
主控项目3	接闪器与防雷引下线连接	1～8/A～D轴屋面	检查12处，接闪器与防雷引下线采用焊接连接，焊缝饱满		
一般项目3	接闪杆、接闪线、接闪带安装位置及安装方式	同上	检查12处，接闪带安装位置正确，安装方式符合设计要求，焊接固定的焊缝饱满无遗漏，防腐完好		
一般项目5	接闪线和接闪带安装	同上	检查12处，安装平正顺直、无急弯，其固定支架间距均匀、固定牢固		
签字栏	专业监理工程师		专业质量检查员		专业工长
	×××		×××		×××

表 4.7.21　建筑物等电位联结检验批质量验收记录

07070301001

单位（子单位）工程名称	筑业软件办公楼建设工程	分部（子分部）工程名称	建筑电气/防雷及接地	分项工程名称	建筑物等电位连接
施工单位	××工程有限公司	项目负责人	×××	检验批容量	12 处
分包单位	/	分包单位项目负责人	/	检验批部位	首层
施工依据	建筑电气施工方案		验收依据	《建筑电气工程施工质量验收规范》GB 50303—2015	

		验收项目	设计要求及规范规定	最小/实际抽样数量	检查记录	检查结果
主控项目	1	建筑物等电位联结的范围、形式、方法、部件及联结导体的材料和截面积	第25.1.1条	/	见材料构配件进场验收记录、隐蔽工程验收记录，编号××	√
	2	等电位联结的外露可导电部分或外界可导电部分连接	第25.1.2条	2/2	抽查2处，合格2处	√
一般项目	1	卫生间内金属部件或零件的外界可导电部分与等电位连接导体的连接及标识	第25.2.1条	2/2	抽查2处，合格2处	100%
		连接处螺帽的固定		2/2	抽查2处，合格2处	100%
	2	当等电位联结导体在地下暗敷时，导体间的连接	第25.2.2条	/	见隐蔽工程验收记录，编号××	√

施工单位检查结果	主控项目全部合格，一般项目满足规范要求。　　　　　专业工长：××× 项目专业质量检查员：××× ××年×月×日
监理单位验收结论	合格，同意验收。 专业监理工程师：××× ××年×月×日

表 4.7.22 建筑物等电位联结检验批现场验收检查原始记录

共 1 页 第 1 页

单位（子单位）工程名称	筑业软件办公楼建设工程		验收日期	××年×月×日	
检验批名称	建筑物等电位联结检验批		对应检验批编号	07070301001	
编号	验收项目	验收部位	验收情况记录		备注
主控项目 2	等电位联结的外露可导电部分或外界可导电部分连接	首层	检查 2 处，外露可导电部分连接可靠，圆钢与扁钢搭接为圆钢直径 6 倍，双面施焊		
一般项目 1	卫生间内金属部件或零件的外界可导电部分与等电位连接导体的连接及标识	同上	检查 2 处，卫生间内金属部件的外界可导电部分，设置专用接线螺栓与等电位联结导体连接，并设置标识		
	连接处螺帽的固定	同上	检查 2 处，螺帽紧固、防松零件齐全		
签字栏	专业监理工程师		专业质量检查员	专业工长	
	×××		×××	×××	

八、智能建筑工程

表 4.8.1 机柜、机架、配线架安装检验批质量验收记录

08050301001

单位（子单位）工程名称	筑业软件办公楼建设工程	分部（子分部）工程名称	智能建筑/综合布线系统	分项工程名称	机柜、机架、配线架安装	
施工单位	××工程有限公司	项目负责人	×××	检验批容量	4 台	
分包单位	/	分包单位项目负责人	/	检验批部位	2 层设备间	
施工依据	《智能建筑工程施工规范》GB 50606—2010		验收依据	《智能建筑工程施工规范》GB 50606—2010		

		验收项目	设计要求及规范规定	最小/实际抽样数量	检查记录	检查结果
主控项目	1	材料、器具、设备进场质量检测	第 3.5.1 条	/	质量证明文件齐全，材料进场验收记录××	√
	2	机柜应可靠接地	第 5.2.5 条	/全	共 4 台，全部检查，合格 4 台	√
	3	机柜、机架、配线设备箱体、电缆桥架及线槽等设备的安装应牢固，如有抗震要求，应按抗震设计进行加固	第 4.0.1 条第 3 款	/全	共 4 台，全部检查，合格 4 台	√
一般项目	1	机柜、机架安装位置应符合设计要求	第 4.0.1 条第 1 款	/全	共 4 台，全部检查，合格 4 台	100%
		机柜、机架安装垂直度	≤3mm	/全	共 4 台，全部检查，合格 4 台	100%
		机柜、机架上的各种零件不得脱落或碰坏	第 4.0.1 条第 2 款	/全	共 4 台，全部检查，合格 4 台	100%
		漆面不应有脱落及划痕，各种标志应完整、清晰		/全	共 4 台，全部检查，合格 4 台	100%
	2	配线部件应完整，安装就位，标志齐全	第 4.0.2 条	/全	共 4 台，全部检查，合格 4 台	100%
		安装螺丝必须拧紧，面板应保持在一个平面上		/全	共 4 台，全部检查，合格 4 台	100%

施工单位检查结果	主控项目全部合格，一般项目满足规范要求。 专业工长：××× 项目专业质量检查员：××× ××年×月×日
监理单位验收结论	合格，同意验收。 专业监理工程师：××× ××年×月×日

表 4.8.2 机柜、机架、配线架安装检验批现场验收检查原始记录

单位（子单位）工程名称	筑业软件办公楼建设工程		验收日期	××年×月×日
检验批名称	机柜、机架、配线架安装检验批		对应检验批编号	08050301001
编号	验收项目	验收部位	验收情况记录	备注
主控项目 2	机柜应可靠接地	2 层设备间	检查 4 台，均可靠接地	
主控项目 3	机柜、机架、配线设备箱体、电缆桥架及线槽等设备的安装应牢固，如有抗震要求，应按抗震设计进行加固	同上	检查 4 台，安装牢固	
一般项目 1	机柜、机架安装位置应符合设计要求	同上	检查 4 台，安装位置符合设计要求	
	机柜、机架安装垂直度	同上	2mm、1mm、1mm、2mm	
	机柜、机架上的各种零件不得脱落或碰坏	同上	检查 4 台，机柜、机架上的各种零件没有脱落和碰坏	
	漆面不应有脱落及划痕，各种标志应完整、清晰	同上	检查 4 台，漆面无脱落及划痕，各种标志完整、清晰	
一般项目 2	配线部件应完整，安装就位，标志齐全	同上	检查 4 台，配线部件完整，安装就位，标志齐全	
	安装螺丝必须拧紧，面板应保持在一个平面上	同上	检查 4 台，安装螺丝拧紧，面板保持在一个平面上	
签字栏	专业监理工程师		专业质量检查员	专业工长
	×××		×××	×××

表 4.8.3 信息插座安装检验批质量验收记录

08050401001

单位（子单位）工程名称	筑业软件办公楼建设工程	分部（子分部）工程名称	智能建筑/综合布线系统	分项工程名称	信息插座安装
施工单位	××工程有限公司	项目负责人	×××	检验批容量	50 件
分包单位	/	分包单位项目负责人	/	检验批部位	三层
施工依据	《智能建筑工程施工规范》GB 50606—2010		验收依据	《智能建筑工程施工规范》GB 50606—2010	

		验收项目	设计要求及规范规定	最小/实际抽样数量	检查记录	检查结果
主控项目	1	材料、器具、设备进场质量检测	第 3.5.1 条	/	质量证明文件齐全，材料进场验收记录××	√
一般项目	1	信息插座模块、多用户信息插座、集合点配线模块安装位置和高度应符合设计要求	第 4.0.3 条	/全	共 50 件，全部检查，合格 50 件	100%
		安装在活动地板内或地面上时，应固定在接线盒内，插座面板采用直立和水平等形式；接线盒盖面应与地面齐平		/	/	/
		接线盒盖可开启，并应具有防水、防尘、抗压功能		/全	共 50 件，全部检查，合格 50 件	100%
		信息插座底盒同时安装信息插座模块和电源插座时，间距及采取的防护措施应符合设计要求		/全	共 50 件，全部检查，合格 50 件	100%
		信息插座模块明装底盒的固定方法根据施工现场条件而定		/	/	/
		固定螺丝需拧紧，不应产生松动现象		/全	共 50 件，全部检查，合格 50 件	100%
		各种插座面板应有标识，以颜色、图形、文字表示所接终端设备业务类型		/全	共 50 件，全部检查，合格 50 件	100%
		工作区内终接光缆的光纤连接器件及适配器安装底盒应具有足够的空间，并应符合设计要求		/全	共 50 件，全部检查，合格 50 件	100%
施工单位检查结果		主控项目全部合格，一般项目满足规范要求。		专业工长：××× 项目专业质量检查员：××× ××年×月×日		
监理单位验收结论		合格，同意验收。		专业监理工程师：××× ××年×月×日		

210

表 4.8.4 信息插座安装检验批现场验收检查原始记录

共 1 页 第 1 页

单位（子单位）工程名称	筑业软件办公楼建设工程		验收日期	××年×月×日	
检验批名称	信息插座安装检验批		对应检验批编号	08050401001	
编号	验收项目	验收部位	验收情况记录		备注
一般项目 1	信息插座模块、多用户信息插座、集合点配线模块安装位置和高度应符合设计要求	三层	检查 50 件，安装位置和高度均符合设计要求		
	接线盒盖可开启，并应具有防水、防尘、抗压功能	同上	检查 50 件，接线盒盖可开启，并具有防水、防尘、抗压功能		
	信息插座底盒同时安装信息插座模块和电源插座时，间距及采取的防护措施应符合设计要求	同上	检查 50 件，间距及采取的防护措施符合设计要求		
	固定螺丝需拧紧，不应产生松动现象	同上	检查 50 件，固定螺丝拧紧，无松动现象		
	各种插座面板应有标识，以颜色、图形、文字表示所接终端设备业务类型	同上	检查 50 件，插座面板有标识		
	工作区内终接光缆的光纤连接器件及适配器安装底盒应具有足够的空间，并应符合设计要求	同上	检查 50 件，具有足够的空间，并符合设计要求		
签字栏	专业监理工程师		专业质量检查员		专业工长
	×××		×××		×××

表 4.8.5　信息导引及发布系统显示设备安装检验批质量验收记录

08110301001

单位（子单位） 工程名称	筑业软件办公楼 建设工程	分部（子分部） 工程名称	智能建筑/信息 引导及发布系统	分项工程 名称	显示设备安装
施工单位	××工程有限公司	项目负责人	×××	检验批容量	3 台
分包单位	/	分包单位项目 负责人	/	检验批 部位	地下 1 层信息 管理机房
施工依据	《智能建筑工程施工规范》 GB 50606—2010		验收依据	《智能建筑工程施工规范》 GB 50606—2010	

		验收项目	设计要求及 规范规定	最小/实际 抽样数量	检查记录	检查 结果
主控项目	1	材料、器具、设备进场质量 检测	第 3.5.1 条	/	质量证明文件齐全， 材料进场验收记录××	√
	2	多媒体显示屏安装必须牢固	第 10.3.1 条 第 4 款	/全	共 3 台，全部检查，合格 3 台	√
		供电和通讯传输系统必须连 接可靠，确保应用要求		/全	共 3 台，全部检查，合格 3 台	√
一般项目	1	设备、线缆标识应清晰、 明确	第 10.3.2 条 第 1 款	/全	共 3 台，全部检查，合格 3 台	100%
		各设备、器件、盒、箱、线 缆等的安装应符合设计要求， 并应做到布局合理、排列整齐、 牢固可靠、线缆连接正确、压 接牢固	第 10.3.2 条 第 3 款	/全	共 3 台，全部检查，合格 3 台	100%
		馈线连接头应牢固安装，接 触应良好，并应采取防雨、防 腐措施	第 10.3.2 条 第 4 款	/全	共 3 台，全部检查，合格 3 台	100%
	2	触摸屏与显示屏的安装位置 应对人行通道无影响	第 10.2.3 条 第 2 款	/	/	/
		触摸屏、显示屏应安装在没 有强电磁辐射源及干燥的地方	第 10.2.3 条 第 3 款	/	/	/
		与相关专业协调并在现场确 定落地式显示屏安装钢架的承 重能力应满足设计要求	第 10.2.3 条 第 4 款	/	/	/
		室外安装的显示屏应做好防 漏电、防雨措施，并应满足 IP65 防护等级标准	第 10.2.3 条 第 5 款	/	/	/

施工单位 检查结果	主控项目全部合格，一般项目满足规范要求。	专业工长：××× 项目专业质量检查员：××× ××年×月×日
监理单位 验收结论	合格，同意验收。	专业监理工程师：××× ××年×月×日

表4.8.6 信息导引及发布系统显示设备安装检验批现场验收检查原始记录

单位（子单位）工程名称	筑业软件办公楼建设工程		验收日期	××年×月×日	
检验批名称	信息导引及发布系统显示设备安装检验批		对应检验批编号	08110301001	
编号	验收项目	验收部位	验收情况记录		备注
主控项目2	多媒体显示屏安装必须牢固	地下1层信息管理机房	检查3台，多媒体显示屏安装牢固		
	供电和通讯传输系统必须连接可靠，确保应用要求	同上	检查3台，供电和通讯传输系统连接可靠		
一般项目1	设备、线缆标识应清晰、明确	同上	检查3台，设备、线缆标识清晰、明确		
	各设备、器件、盒、箱、线缆等的安装应符合设计要求，并应做到布局合理、排列整齐、牢固可靠、线缆连接正确、压接牢固	同上	检查3台，安装符合设计要求，布局合理、排列整齐、牢固可靠、线缆连接正确、压接牢固		
	馈线连接头应牢固安装，接触应良好，并应采取防雨、防腐措施	同上	检查3台，连接头牢固安装，接触良好		
签字栏	专业监理工程师		专业质量检查员		专业工长
	×××		×××		×××

表 4.8.7 火灾自动报警系统设备安装检验批质量验收记录

08150301001

单位（子单位） 工程名称	筑业软件办公楼 建设工程	分部（子分部） 工程名称	智能建筑/火灾 自动报警系统	分项工程名称	探测器类设备安装
施工单位	××工程有限公司	项目负责人	×××	检验批容量	8 台
分包单位	/	分包单位项目 负责人	/	检验批部位	首层消防控制中心
施工依据	《智能建筑工程施工规范》 GB 50606—2010		验收依据	《智能建筑工程施工规范》 GB 50606—2010	

		验收项目	设计要求及 规范规定	最小/实际 抽样数量	检查记录	检查 结果
主控项目	1	材料、器具、设备进场质量检测	第 3.5.1 条	/	质量证明文件齐全，材料进场验收记录××	√
	2	火灾自动报警系统的材料必须符合防火设计要求，并按规定验收	第 13.1.3 条 第 3 款	/	质量证明文件齐全，材料进场验收记录××	√
	3	探测器、模块、报警按钮等类别、型号、位置、数量、功能等应符合设计要求	第 13.3.1 条 第 1 款	/全	共 8 套，全部检查，合格 8 套	√
		消防电话插孔型号、位置、数量、功能等应符合设计要求	第 13.3.1 条 第 2 款	/全	共 8 套，全部检查，合格 8 套	√
		火灾应急广播位置、数量、功能等应符合设计要求，且应能在手动或警报信号触发的 10s 内切断公共广播，播出火警广播	第 13.3.1 条 第 3 款	/全	共 8 套，全部检查，合格 8 套	√
		火灾报警控制器功能、型号应符合设计要求	第 13.3.1 条 第 4 款	/全	共 8 套，全部检查，合格 8 套	√
		火灾自动报警系统与消防设备的联动应符合设计要求	第 13.3.1 条 第 5 款	/全	共 8 套，全部检查，合格 8 套	√
一般项目	1	探测器、模块、报警按钮等安装应牢固、配件齐全，不应有损伤变形和破损	第 13.3.2 条 第 1 款	/全	共 8 套，全部检查，合格 8 套	100%
		探测器、模块、报警按钮等导线连接应可靠压接或焊接，并应有标志，外接导线应留余量	第 13.3.2 条 第 2 款	/全	共 8 套，全部检查，合格 8 套	100%
		探测器安装位置应符合保护半径、保护面积要求	第 13.3.2 条 第 3 款	/全	共 8 套，全部检查，合格 8 套	100%

施工单位 检查结果	主控项目全部合格，一般项目满足规范要求。	专业工长：××× 项目专业质量检查员：××× ××年×月×日
监理单位 验收结论	合格，同意验收。	专业监理工程师：××× ××年×月×日

表 4.8.8 火灾自动报警系统设备安装检验批现场验收检查原始记录

共 1 页 第 1 页

单位（子单位）工程名称	筑业软件办公楼建设工程		验收日期	××年×月×日	
检验批名称	火灾自动报警系统设备安装检验批		对应检验批编号	08150301001	
编号	验收项目	验收部位	验收情况记录		备注
主控项目 3	探测器、模块、报警按钮等类别、型号、位置、数量、功能等应符合设计要求	首层消防控制中心	检查 8 套，符合设计要求		
	消防电话插孔型号、位置、数量、功能等应符合设计要求	同上	检查 8 套，符合设计要求		
	火灾应急广播位置、数量、功能等应符合设计要求，且应能在手动或警报信号触发的 10s 内切断公共广播，播出火警广播	同上	检查 8 套，符合设计要求，警报信号触发的 10s 内切断公共广播，播出火警广播		
	火灾报警控制器功能、型号应符合设计要求	同上	检查 8 套，符合设计要求		
	火灾自动报警系统与消防设备的联动应符合设计要求	同上	检查 8 套，符合设计要求		
一般项目 1	探测器、模块、报警按钮等安装应牢固、配件齐全，不应有损伤变形和破损	同上	检查 8 套，安装牢固、配件齐全，无损伤变形和破损		
	探测器、模块、报警按钮等导线连接应可靠压接或焊接，并应有标志，外接导线应留余量	同上	检查 8 套，导线连接可靠压接，并有标志，外接导线有留余量		
	探测器安装位置应符合保护半径、保护面积要求	同上	检查 8 套，符合保护半径、保护面积要求		
签字栏	专业监理工程师		专业质量检查员		专业工长
	×××		×××		×××

九、建筑节能工程

表 4.9.1 墙体节能工程检验批质量验收记录

09010101001

单位（子单位）工程名称	筑业软件办公楼建设工程	分部（子分部）工程名称	建筑节能/围护结构节能工程	分项工程名称	墙体节能工程
施工单位	××工程有限公司	项目负责人	×××	检验批容量	1000m²
分包单位	/	分包单位项目负责人	/	检验批部位	1～5层南立面外墙
施工依据	建筑节能施工方案		验收依据	《建筑节能工程施工质量验收标准》GB 50411—2019	

		验收项目	设计要求及规范规定	最小/实际抽样数量	检查记录	检查结果
主控项目	1	墙体节能工程使用的材料、构件应进行进场验收	第4.2.1条	3/3	质量证明文件齐全，材料进场验收记录××	√
	2	墙体节能工程使用的材料、产品进场时应进行复验	第4.2.2条	1/1	试验合格，报告编号××	√
	3	外墙外保温工程应采用预制构件、定型产品或成套技术，并应由同一供应商提供配套的组成材料和型式检验报告	第4.2.3条	/全	质量证明文件齐全有效，材料进场验收记录××	√
	4	严寒和寒冷地区外保温使用的抹面材料冻融试验要求	第4.2.4条	/全	试验合格，报告编号××	√
	5	基层处理	第4.2.5条	/全	验收合格，隐蔽工程验收记录××	√
	6	墙体节能工程各层构造做法	第4.2.6条	/全	验收合格，隐蔽工程验收记录××	√
	7	墙体节能工程施工质量	第4.2.7条	3/3	抽查3处，合格3处	√
	8	外墙采用预制保温板现场浇筑混凝土墙体时，保温板的安装要求及表面处理	第4.2.8条	/	/	/
	9	外墙采用保温浆料作保温层时，保温浆料的同条件试件应见证取样送检	第4.2.9条	1/1	试验合格，报告编号××	√
	10	各类饰面层的基层及面层施工	第4.2.10条	/全	隐蔽工程合格，验收记录××	√
	11	保温砌块砌筑的墙体，砂浆要求	第4.2.11条	/	/	/
	12	预制保温墙板现场安装的墙体要求	第4.2.12条	/	/	/
	13	外墙保温装饰板要求	第4.2.13条	1/1	验收合格，隐蔽工程验收记录××	√

表 4.9.1 墙体节能工程检验批质量验收记录

		验收项目	设计要求及规范规定	最小/实际抽样数量	检查记录	检查结果
主控项目	14	采用防火隔离带构造的外墙外保温工程施工前编制专项施工方案并应制作样板间	第4.2.14条	/全	共5处，全部检查，合格5处	√
	15	防火隔离带组成材料与外墙外保温组成材料相配套，与基层墙体可靠连接	第4.2.15条	/全	共5处，全部检查，合格5处	√
	16	建筑外墙外保温防火隔离带保温材料的燃烧性能等级为A级	第4.2.16条	/全	质量证明文件齐全，材料进场验收记录××	√
	17	墙体内设置的隔气层，其位置、材料及构造做法	第4.2.17条	/	/	/
	18	外墙或毗邻不供暖空间墙体上的门窗洞口、凸窗四周的侧面，采取保温措施	第4.2.18条	5/5	验收合格，隐蔽工程验收记录××	√
	19	严寒和寒冷地区外墙热桥部位采取隔断热桥措施	第4.2.19条	5/5	验收合格，隐蔽工程验收记录××	√
一般项目	1	节能保温材料与构件进场时，外观和包装完整无破损	第4.3.1条	/全	外观和包装完好，材料进场验收记录××	√
	2	当采用增强网作为防止开裂措施，其铺贴和搭接要求	第4.3.2条	5/5	验收合格，隐蔽工程验收记录××	√
	3	设置集中供暖和空调的房间，其外墙热桥部位采取隔断热桥措施	第4.3.3条	5/5	验收合格，隐蔽工程验收记录××	√
	4	施工产生的墙体缺陷采取隔断热桥措施	第4.3.4条	/全	共8处，全部检查，合格8处	100%
	5	墙体保温板材的粘贴和接缝方法	第4.3.5条	5/5	抽查5处，合格5处	100%
	6	外墙保温装饰板安装后表面平整、板缝均匀	第4.3.6条	10/10	抽查10处，合格10处	100%
	7	墙体采用保温浆料，其厚度均匀、接茬平整密实	第4.3.7条	10/10	抽查10处，合格10处	100%
	8	墙体上的阳角、门窗洞口及不同的材料基体的交接处等部位，其保温层要求	第4.3.8条	5/5	抽查5处，合格5处	100%
	9	采用现场喷涂或模板浇注的有机类保温材料做外保温，时间要求	第4.3.9条	/	/	/

施工单位检查结果	主控项目全部合格，一般项目满足规范要求。	专业工长：××× 项目专业质量检查员：××× ××年×月×日
监理单位验收结论	合格，同意验收。	专业监理工程师：××× ××年×月×日

表4.9.2 墙体节能工程检验批现场验收检查原始记录

单位（子单位）工程名称	筑业软件办公楼建设工程		验收日期	××年×月×日	
检验批名称	墙体节能工程检验批		对应检验批编号	09010101001	
编号	验收项目	验收部位	验收情况记录		备注
主控项目7	墙体节能工程施工质量	1～5层南立面外墙	检查3处，保温隔热材料的厚度符合设计要求；保温浆料分层施工；保温浆料与基层之间及各层之间的黏结牢固，无脱层、空鼓和开裂现象		
主控项目14	采用防火隔离带构造的外墙外保温工程施工前编制专项施工方案并应制作样板间	同上	检查5处，符合设计要求		
主控项目15	防火隔离带组成材料与外墙外保温组成材料相配套，与基层墙体可靠连接	同上	检查5处，防火隔离带采用工厂预制的制品现场安装，并与基层墙体可靠连接，防火隔离带面层材料与外墙外保温一致		
一般项目4	施工产生的墙体缺陷采取隔断热桥措施	同上	检查8处，墙体缺陷与洞口之间的间隙采取隔断热桥措施、没有影响墙体热工性能		
一般项目5	墙体保温板材的粘贴和接缝方法	同上	检查5处，符合设计要求		
一般项目6	外墙保温装饰板安装后表面平整、板缝均匀	同上	检查10处，表面平整，板缝均匀一致		
一般项目7	墙体采用保温浆料，其厚度均匀、接茬平整密实	同上	检查10处，保温浆料厚度均匀、接茬平整密实		
一般项目8	墙体上的阳角、门窗洞口及不同材料基体的交接处等部位，其保温层要求	同上	检查5处，交接处保温层采取防止开裂和破损的加强措施		
签字栏	专业监理工程师		专业质量检查员		专业工长
	×××		×××		×××

表 4.9.3 幕墙节能工程检验批质量验收记录

09010201001

单位（子单位）工程名称	筑业软件办公楼建设工程	分部（子分部）工程名称	建筑节能/围护结构节能工程	分项工程名称	幕墙节能工程
施工单位	××工程有限公司	项目负责人	×××	检验批容量	900m²
分包单位	/	分包单位项目负责人	/	检验批部位	北立面幕墙
施工依据	建筑节能施工方案		验收依据	《建筑节能工程施工质量验收标准》GB 50411—2019	

		验收项目	设计要求及规范规定	最小/实际抽样数量	检查记录	检查结果
主控项目	1	幕墙节能工程使用的材料、构件进场验收	第5.2.1条	3/3	质量证明文件齐全，材料进场验收记录××	√
	2	幕墙节能使用材料、构件进场复验	第5.2.2条	1/1	试验合格，报告编号××	√
	3	幕墙气密性能和密封条安装要求	第5.2.3条	5/5	气密性能检测报告××；安装抽查5处，合格5处	√
	4	幕墙的传热系数、遮阳系数及热桥部位的隔断热桥措施	第5.2.4条	10/10	抽查10处，合格10处	√
	5	幕墙节能工程使用的保温材料厚度及安装要求	第5.2.5条	10/10	抽查10处，合格10处	√
	6	幕墙遮阳设施安装要求	第5.2.6条	10/10	抽查10处，合格10处	√
	7	幕墙隔气层要求	第5.2.7条	5/5	抽查5处，合格5处	√
	8	幕墙保温材料与面板或基层墙体可靠黏结或锚固及防护层	第5.2.8条	5/5	抽查5处，合格5处	√
	9	楼板处和防火分区隔离部位采用防火封堵材料封堵	第5.2.9条	5/5	抽查5处，合格5处	√
	10	幕墙可开启部分的通风面积要求和通风器的通道通畅	第5.2.10条	5/5	抽查5处，合格5处	√
	11	凝结水的收集和排放应畅通，并不得渗漏	第5.2.11条	5/5	抽查5处，合格5处	√
	12	采光屋面开启安装要求	第5.2.12条	/	/	/
一般项目	1	幕墙镀（贴）膜玻璃及中空玻璃的安装及密封	第5.3.1条	5/5	抽查5处，合格5处	100%
	2	单元式幕墙板块的组装	第5.3.2条	/	/	/
	3	幕墙与周边墙体、屋面间的接缝处保温措施或密封做法	第5.3.3条	5/5	抽查5处，合格5处	100%
	4	活动遮阳设施的调节机构灵活，并能调节到位	第5.3.4条	10/10	抽查10处，合格10处	100%

施工单位检查结果	主控项目全部合格，一般项目满足规范要求。	专业工长：××× 项目专业质量检查员：××× ××年×月×日
监理单位验收结论	合格，同意验收。	专业监理工程师：××× ××年×月×日

表4.9.4 幕墙节能工程检验批现场验收检查原始记录

单位（子单位）工程名称	筑业软件办公楼建设工程		验收日期	××年×月×日	
检验批名称	幕墙节能工程检验批		对应检验批编号	09010201001	
编号	验收项目	验收部位	验收情况记录		备注
主控项目3	幕墙密封条安装要求	北立面幕墙	检查5处，密封条镶嵌牢固、位置正确、对接严密		
主控项目4	幕墙的传热系数、遮阳系数及热桥部位的隔断热桥措施	同上	检查10处，符合设计要求		
主控项目5	幕墙节能工程使用的保温材料厚度及安装要求	同上	检查10处，厚度符合设计要求，安装牢固，无松脱现象		
主控项目6	幕墙遮阳设施安装要求	同上	检查10处，安装位置、角度满足设计要求。遮阳设施安装牢固，满足抗风的要求		
主控项目7	幕墙隔气层要求	同上	检查5处，幕墙隔气层完整、严密、位置正确，穿透隔气层处采取密封措施		
主控项目8	幕墙保温材料与面板或基层墙体可靠黏结或锚固及防护层	同上	检查5处，幕墙保温材料与幕墙面板可靠黏结		
主控项目9	楼板处和防火分区隔离部位采用防火封堵材料封堵	同上	检查5处，采用防火封堵材料封堵		
主控项目10	幕墙可开启部分的通风面积要求和通风器的通道通畅	同上	检查5处，通风面积满足设计要求。幕墙通风器的通道通畅、尺寸满足设计要求，开启装置能顺畅开启和关闭		
主控项目11	凝结水的收集和排放应畅通，并不得渗漏	同上	检查5处，凝结水的收集和排放通畅，无渗漏现象		
一般项目1	幕墙镀（贴）膜玻璃及中空玻璃的安装及密封	同上	检查5处，镀模玻璃安装方向、位置符合设计要求；中空玻璃采用密封胶双道密封		
一般项目3	幕墙与周边墙体、屋面间的接缝处保温措施或密封做法	同上	检查5处，接缝处按设计要求采用保温措施，并采用耐候密封胶等密封		
一般项目4	活动遮阳设施的调节机构灵活，并能调节到位	同上	检查10处，调节机构灵活，调节到位		
签字栏	专业监理工程师		专业质量检查员		专业工长
	×××		×××		×××

表 4.9.5 门窗节能工程检验批质量验收记录

09010301001

单位（子单位）工程名称	筑业软件办公楼建设工程	分部（子分部）工程名称	建筑节能/围护结构节能工程	分项工程名称	门窗节能工程
施工单位	××工程有限公司	项目负责人	×××	检验批容量	80 樘
分包单位	/	分包单位项目负责人	/	检验批部位	1～5层南立面外窗
施工依据	建筑节能施工方案		验收依据	《建筑节能工程施工质量验收标准》GB 50411—2019	

		验收项目	设计要求及规范规定	最小/实际抽样数量	检查记录	检查结果
主控项目	1	建筑门窗节能工程使用的材料、构件进场验收	第6.2.1条	3/3	质量证明文件齐全，材料进场验收记录××	√
	2	门窗节能工程使用的材料、构件进场材料核查相关资料及进场复验	第6.2.2条	1/1	试验合格，报告编号××	√
	3	金属外门窗框的隔断热桥措施	第6.2.3条	5/5	抽查5樘，合格5樘	√
	4	外门窗框或附框与洞口之间间隙填充和密封处理	第6.2.4条	/全	检查合格，隐蔽工程验收记录××	√
	5	严寒和寒冷地区的外门采取保温、密封等节能措施	第6.2.5条	/	/	/
	6	外窗遮阳设施的性能、位置、尺寸及安装要求	第6.2.6条	5/5	抽查5樘，合格5樘	√
	7	用于外门的特种门，安装中的节能措施	第6.2.7条	/	/	/
	8	天窗安装	第6.2.8条	/	/	/
	9	通风器尺寸、通风量等性能要求及安装	第6.2.9条	/	/	/
一般项目	1	门窗扇密封条和玻璃镶嵌的密封条安装要求	第6.3.1条	/全	共80樘，全部检查，合格80樘	100%
	2	门窗镀（贴）膜玻璃的安装及密封处理	第6.3.2条	/全	共80樘，全部检查，合格80樘	100%
	3	外门、窗遮阳设施调节	第6.3.3条	/全	共80樘，全部检查，合格80樘	100%

施工单位检查结果	主控项目全部合格，一般项目满足规范要求。	专业工长：××× 项目专业质量检查员：××× ××年×月×日
监理单位验收结论	合格，同意验收。	专业监理工程师：××× ××年×月×日

表 4.9.6 门窗节能工程检验批现场验收检查原始记录

单位（子单位）工程名称	筑业软件办公楼建设工程		验收日期	××年×月×日	
检验批名称	门窗节能工程检验批		对应检验批编号	09010301001	
编号	验收项目	验收部位	验收情况记录		备注
主控项目 3	金属外门窗框的隔断热桥措施	1～5 层南立面外窗	检查 5 樘，符合设计要求和产品标准的规定，金属附框按照设计要求采取保温措施		
主控项目 6	外窗遮阳设施的性能、位置、尺寸及安装要求	同上	检查 5 樘，外窗遮阳设施的性能、位置、尺寸符合设计和产品标准要求；遮阳设施的安装位置正确、牢固，满足安全和使用功能的要求		
一般项目 1	门窗扇密封条和玻璃镶嵌的密封条安装要求	同上	检查 80 樘，密封条安装位置正确，镶嵌牢固，无脱槽现象。接头处没有开裂。关闭门窗时密封条接触严密		
一般项目 2	门窗镀（贴）膜玻璃的安装及密封处理	同上	检查 80 樘，安装方向符合设计要求，双道密封		
一般项目 3	外门、窗遮阳设施调节	同上	检查 80 樘，外门、窗遮阳设施调节灵活、到位		
签字栏	专业监理工程师		专业质量检查员		专业工长
	×××		×××		×××

表4.9.7 屋面节能工程检验批质量验收记录

09010401001

单位（子单位）工程名称	筑业软件办公楼建设工程	分部（子分部）工程名称	建筑节能/围护结构节能工程	分项工程名称	屋面节能工程
施工单位	××工程有限公司	项目负责人	×××	检验批容量	600m²
分包单位	/	分包单位项目负责人	/	检验批部位	屋面1～8/A～C轴
施工依据	建筑节能施工方案		验收依据	《建筑节能工程施工质量验收标准》GB 50411—2019	

		验收项目	设计要求及规范规定	最小/实际抽样数量	检查记录	检查结果
主控项目	1	屋面节能工程使用的保温隔热材料、构件进场验收	第7.2.1条	3/3	质量证明文件齐全，材料进场验收记录××	√
	2	屋面节能工程使用的材料进场复验	第7.2.2条	1/1	试验合格，报告编号××	√
	3	屋面保温隔热层的敷设方式、厚度、缝隙填充质量及屋面热桥部位的保温隔热做法	第7.2.3条	3/3	抽查3处，合格3处	√
	4	屋面通风隔热架空层要求	第7.2.4条	/	/	/
	5	屋面隔汽层的位置、材料及构造做法	第7.2.5条	/	/	/
	6	坡屋面、架空屋面内保温应采用不燃保温材料，保温层做法	第7.2.6条	3/3	抽查3处，合格3处	√
	7	当采用带铝箔的空气隔层做隔热保温屋面时，其空气隔层厚度、铝箔位置	第7.2.7条	/	/	/
	8	种植植物的屋面构造做法	第7.2.8条	/	/	/
	9	采用有机类保温隔热材料的屋面，防火隔离措施	第7.2.9条	/	/	/
	10	金属板保温夹芯屋面铺装要求	第7.2.10条	/	/	/
一般项目	1	屋面保温隔热层外观质量	第7.3.1条	3/3	抽查3处，合格3处	100%
	2	金属板保温夹芯屋面的施工	第7.3.2条	/	/	/
	3	坡屋面、内架空屋面的保温隔热层防潮措施	第7.3.3条	3/3	检查合格，隐蔽工程验收记录××	√

施工单位检查结果	主控项目全部合格，一般项目满足规范要求。 专业工长：××× 项目专业质量检查员：××× ××年×月×日
监理单位验收结论	合格，同意验收。 专业监理工程师：××× ××年×月×日

223

表 4.9.8 屋面节能工程检验批现场验收检查原始记录

单位（子单位）工程名称	筑业软件办公楼建设工程		验收日期	××年×月×日
检验批名称	屋面节能工程检验批		对应检验批编号	09010401001

编号	验收项目	验收部位	验收情况记录	备注
主控项目 3	屋面保温隔热层的敷设方式、厚度、缝隙填充质量及屋面热桥部位的保温隔热做法	屋面 1～8/A～C 轴	检查 3 处，符合设计要求	
主控项目 6	坡屋面、架空屋面内保温应采用不燃保温材料，保温层做法	同上	检查 3 处，保温材料为不燃材质，做法符合设计要求	
一般项目 1	屋面保温隔热层外观质量	同上	检查 3 处，板材粘贴牢固、缝隙严密，平整	

签字栏	专业监理工程师	专业质量检查员	专业工长
	×××	×××	×××

表 4.9.9　地面节能工程检验批质量验收记录

09010501001

单位（子单位）工程名称	筑业软件办公楼建设工程		分部（子分部）工程名称	建筑节能/围护结构节能工程	分项工程名称	地面节能工程
施工单位	××工程有限公司		项目负责人	×××	检验批容量	1000m²
分包单位	/		分包单位项目负责人	/	检验批部位	2层1~8/A~C轴地面
施工依据	建筑节能施工方案			验收依据	《建筑节能工程施工质量验收标准》GB 50411—2019	

		验收项目	设计要求及规范规定	最小/实际抽样数量	检查记录	检查结果
主控项目	1	地面节能工程的保温材料、构件进场验收	第8.2.1条	3/3	质量证明文件齐全，材料进场验收记录××	√
	2	地面节能工程使用保温材料进场复验	第8.2.2条	1/1	试验合格，报告编号××	√
	3	地下室顶板和架空楼板底面的保温隔热材料要求	第8.2.3条	/	/	/
	4	地面基层处理	第8.2.4条	/全	共1000m²，全部检查，合格1000m²	√
	5	地面保温层、隔离层、保护层等各层的设置和构造做法	第8.2.5条	3/3	检查3处，合格3处	√
	6 地面节能工程的施工质量	保温板与基层之间、各构造层之间黏结应牢固，缝隙应严密	第8.2.6条第1款	3/3	检查3处，合格3处	√
		穿越地面到室外的各种金属管道的保温隔热措施	第8.2.6条第2款	/	/	/
	7	有防水要求的地面，节能保温做法	第8.2.7条	/	/	/
	8	严寒和寒冷地区，建筑首层直接接触土壤的地面、底面直接接触室外空气的地面、毗邻不供暖空间的地面以及供暖地下室与土壤接触的外墙采取保温措施	第8.2.8条	/	/	/
	9	保温层的表面防潮层、保护层要求	第8.2.9条	/全	验收合格，隐蔽工程验收记录××	√
一般项目	1	采用地面辐射供暖的工程，其地面节能做法	第8.3.1条	3/3	验收合格，隐蔽工程验收记录××	√
	2	接触土壤地面的保温层下面的防潮层要求	第8.3.2条	/	/	/

施工单位检查结果	主控项目全部合格，一般项目满足规范要求。	专业工长：××× 项目专业质量检查员：××× ××年×月×日
监理单位验收结论	合格，同意验收。	专业监理工程师：××× ××年×月×日

表 4.9.10 地面节能工程检验批现场验收检查原始记录

单位（子单位）工程名称	筑业软件办公楼建设工程		验收日期	××年×月×日
检验批名称	地面节能工程检验批		对应检验批编号	09010501001

编号	验收项目	验收部位	验收情况记录	备注
主控项目4	地面基层处理	2层1~8/A~C轴地面	检查1000m²，符合设计要求	
主控项目5	地面保温层、隔离层、保护层等各层的设置和构造做法	同上	检查3处，符合设计要求	
主控项目6	保温板与基层之间、各构造层之间黏结应牢固，缝隙应严密	同上	检查3处，保温板与基层之间、各构造层之间黏结牢固，缝隙严密	

签字栏	专业监理工程师	专业质量检查员	专业工长
	×××	×××	×××

表 4.9.11 供暖节能工程检验批质量验收记录

09020101001

单位（子单位）工程名称	筑业软件办公楼建设工程		分部（子分部）工程名称	建筑节能/供暖空调节能工程	分项工程名称		供暖节能工程
施工单位	××工程有限公司		项目负责人	×××	检验批容量		16 系统
分包单位	/		分包单位项目负责人	/	检验批部位		采暖 N1～N16 系统
施工依据	建筑节能施工方案			验收依据	《建筑节能工程施工质量验收标准》GB 50411—2019		

		验收项目		设计要求及规范规定	最小/实际抽样数量	检查记录	检查结果
主控项目	1	供暖节能工程使用的材料设备等产品进场验收		第9.2.1条	/全	质量证明文件齐全，材料进场验收记录××	√
	2	供暖节能工程使用的散热器和保温材料进场复验		第9.2.2条	2/2	试验合格，报告编号××	√
	3	供暖系统安装的温度调控装置和热计量装置功能要求		第9.2.3条	/全	调试合格，报告编号××	√
	4	室内供暖系统安装		第9.2.4条	/全	共16系统，全部检查，合格16系统	√
	5	散热器及其安装		第9.2.5条	5/5	抽查5组，合格5组	√
	6	散热器恒温阀及其安装		第9.2.6条	5/5	抽查5组，合格5组	√
	7	低温热水地面辐射供暖系统的安装	防潮层和绝热层的做法及绝热层的厚度	第9.2.7条	/	/	/
			室内温度调控装置的安装位置和方向		/	/	/
			室内温度调控装置传感器的安装位置、高度		/	/	/
	8	供暖系统热力入口装置的安装		第9.2.8条	/	/	/
	9	供暖管道保温层和防潮层的施工		第9.2.9条	5/5	抽查5处，合格5处	√
	10	供暖期内与热源进行联合试运转和调试		第9.2.10条	/全	调试合格，记录编号××	√
一般项目	1	供暖系统阀门、过滤器等配件保温层要求		第9.3.1条	2/2	抽查2件，合格2件	100%

施工单位检查结果	主控项目全部合格，一般项目满足规范要求。 专业工长：××× 项目专业质量检查员：××× ××年×月×日
监理单位验收结论	合格，同意验收。 专业监理工程师：××× ××年×月×日

表 4.9.12 供暖节能工程检验批现场验收检查原始记录

单位（子单位）工程名称	筑业软件办公楼建设工程		验收日期	××年×月×日	
检验批名称	供暖节能工程检验批		对应检验批编号	09020101001	
编号	验收项目	验收部位	验收情况记录		备注
主控项目4	室内供暖系统安装	采暖 N1～N16 系统	检查16系统，供暖系统的形式符合设计要求：散热设备、阀门、过滤器、温度、流量、压力等测量仪表安装齐全，水力平衡装置、热计量装置、室内温度调控装置的安装位置和方向符合设计要求，并便于数据读取、操作、调试和维护		
主控项目5	散热器及其安装	同上	检查5组，每组散热器的规格、数量及安装方式符合设计要求，外表面刷非金属性涂料		
主控项目6	散热器恒温阀及其安装	同上	检查5组，恒温阀的规格、数量符合设计要求；明装散热器恒温阀没有安装在狭小和封闭空间，其恒温阀阀头水平安装并远离发热体，且没有被散热器、窗帘和其他障碍物遮挡		
主控项目9	供暖管道保温层和防潮层的施工	同上	检查5处，绝热材料的燃烧性能、材质、规格及厚度等符合设计要求；绝热管壳的捆扎、粘贴牢固，铺设平整；管道阀门、过滤器及法兰部位的绝热严密，并能单独拆卸，且不影响其操作功能		
一般项目1	供暖系统阀门、过滤器等配件保温层要求	同上	检查2件，保温层密实且无空隙，不影响其操作功能		
签字栏	专业监理工程师		专业质量检查员		专业工长
	×××		×××		×××

表 4.9.13 通风与空调节能工程检验批质量验收记录

09020201001

单位（子单位）工程名称	筑业软件办公楼建设工程	分部（子分部）工程名称	建筑节能/供暖空调节能工程	分项工程名称	通风与空调节能工程
施工单位	××工程有限公司	项目负责人	×××	检验批容量	10 系统
分包单位	/	分包单位项目负责人	/	检验批部位	负 1 层～5 层
施工依据	建筑节能施工方案		验收依据	《建筑节能工程施工质量验收标准》GB 50411—2019	

		验收项目	设计要求及规范规定	最小/实际抽样数量	检查记录	检查结果
主控项目	1	通风与空调节能工程使用的设备、管道、自控阀门、仪表、绝热材料等产品进场验收	第 10.2.1 条	/全	质量证明文件齐全，材料进场验收记录××	√
	2	通风与空调节能工程使用的风机盘管机组和绝热材料进场复验	第 10.2.2 条	2/2	试验合格，报告编号××	√
	3	通风与空调节能工程中的送、排风系统及空调风系统、空调水系统安装	第 10.2.3 条	/全	共 10 系统，全部检查，合格 10 系统	√
	4	风管安装	第 10.2.4 条	2/2	抽查 2 系统，合格 2 系统	√
	5	组合式空调机组、柜式空调机组、新风机组、单元式空调机组安装	第 10.2.5 条	/全	漏风量测试合格，记录编号××	√
	6	带热回收功能的双向换气装置和集中排风系统中的能量回收装置安装	第 10.2.6 条	/	/	/
	7	空调机组、新风机组及风机盘管机组水系统自控阀门与仪表的安装	第 10.2.7 条	10/10	抽查 10 台，合格 10 台	√
	8	空调风管系统及部件的绝热层和防潮层施工	第 10.2.8 条	2/2	抽查 2 系统，合格 2 系统	√
	9	空调水系统管道、制冷剂管道及配件绝热层和防潮层的施工	第 10.2.9 条	2/2	抽查 2 系统，合格 2 系统	√
	10	空调冷热水管道及制冷剂管道与支架、吊架之间绝热衬垫的设置要求	第 10.2.10 条	5/5	抽查 5 处，合格 5 处	√
	11	通风与空调系统单机试运转和调试	第 10.2.11 条	/全	调试合格，记录编号××	√
	12	多联机空调系统试运转和调试情况	第 10.2.12 条	/全	调试合格，记录编号××	√
一般项目	1	空气风幕机的安装	第 10.3.1 条	/	/	/
	2	变风量末端装置动作试验	第 10.3.2 条	2/2	抽查 2 台，合格 2 台	100%

施工单位检查结果	主控项目全部合格，一般项目满足规范要求。	专业工长：××× 项目专业质量检查员：××× ××年×月×日
监理单位验收结论	合格，同意验收。	专业监理工程师：××× ××年×月×日

表 4.9.14 通风与空调节能工程检验批现场验收检查原始记录

共1页 第1页

单位（子单位） 工程名称	筑业软件办公楼建设工程		验收日期	××年×月×日	
检验批名称	通风与空调节能工程检验批		对应检验批编号	09020201001	
编号	验收项目	验收部位	验收情况记录		备注
主控项目3	通风与空调节能工程中的送、排风系统及空调风系统、空调水系统安装	负1层～5层	共检查10系统，形式符合设计要求；设备、阀门、过滤器、温度计及仪表按设计要求安装齐全；水系统各分支管路水力平衡装置、温度控制装置的安装位置、方向符合设计要求；并便于数据读取、操作、调试和维护		
主控项目4	风管安装	同上	检查2系统，风管的材质、断面尺寸及壁厚符合设计要求；风管与部件及风管间的连接严密、牢固		
主控项目7	空调机组、新风机组及风机盘管机组水系统自控阀门与仪表的安装	同上	检查10台，规格、数量符合设计要求；方向正确，位置便于读取数据、操作、调试和维护		
主控项目8	空调风管系统及部件的绝热层和防潮层施工	同上	检查2系统，绝热材料的燃烧性能、材质、规格及厚度等符合设计要求；绝热层与风管、部件粘贴牢固，铺设平整，无裂缝、空隙等缺陷，且纵横接缝错开		
主控项目9	空调水系统管道、制冷剂管道及配件绝热层和防潮层的施工	同上	检查2系统，绝热材料的燃烧性能、材质、规格及厚度等符合设计要求；绝热管壳的捆扎、粘贴牢固，铺设平整；管道阀门、过滤器及法兰部位的绝热严密，并能单独拆卸，且不影响其操作功能		
主控项目10	空调冷热水管道及制冷剂管道与支架、吊架之间绝热衬垫的设置要求	同上	检查5处，绝热衬垫厚度大于绝热层厚度，宽度大于吊架支承面的宽度。衬垫的表面平整，衬垫与绝热材料之间填实无空隙		
一般项目2	变风量末端装置动作试验	同上	检查2台，动作正确		
签字栏	专业监理工程师		专业质量检查员	专业工长	
	×××		×××	×××	

表 4.9.15　冷热源及管网节能工程检验批质量验收记录

09020301001

单位（子单位）工程名称	筑业软件办公楼建设工程	分部（子分部）工程名称	建筑节能/供暖空调节能工程	分项工程名称	冷热源及管网节能工程
施工单位	××工程有限公司	项目负责人	×××	检验批容量	10 系统
分包单位	/	分包单位项目负责人	/	检验批部位	负 1 层～5 层
施工依据	建筑节能施工方案		验收依据	《建筑节能工程施工质量验收标准》GB 50411—2019	

		验收项目	设计要求及规范规定	最小/实际抽样数量	检查记录	检查结果
主控项目	1	空调与供暖系统使用的冷热源设备及其辅助设备、材料等产品进场验收	第 11.2.1 条	/全	质量证明文件齐全，材料进场验收记录××	√
	2	空调与供暖系统冷热源及管网节能工程的预制绝热管道、绝热材料复验	第 11.2.2 条	2/2	试验合格，报告编号××	√
	3	空调与供暖系统冷热源设备和辅助设备及其管网系统安装	第 11.2.3 条	/全	共 10 系统，全部检查，合格 10 系统	√
	4	冷热源侧的自控阀门与仪表的安装	第 11.2.4 条	/全	共 2 处，全部检查，合格 2 处	√
	5	锅炉、热交换器、电驱动压缩机蒸气压缩循环冷水（热泵）机组、蒸汽或热水型溴化锂吸收式冷水机组及直燃型溴化锂吸收式冷（温）水机组等设备的安装	第 11.2.5 条	/全	共 2 处，全部检查，合格 2 处	√
	6	冷却塔、水泵等辅助设备的安装	第 11.2.6 条	/全	共 4 台，全部检查，合格 4 台	√
	7	多联机空调系统室外机的安装要求	第 11.2.7 条	/全	共 4 台，全部检查，合格 4 台	√
	8	空调水系统管道、制冷剂管道及配件绝热层和防潮层的施工	第 11.2.8 条	2/2	抽查 2 系统，合格 2 系统	√
	9	冷热源机房、换热站内部空调冷热水管道与支、吊架之间绝热衬垫的验收	第 11.2.9 条	5/5	抽查 5 处，合格 5 处	√
	10	系统的试运转与调试	第 11.2.10 条	/全	试运转合格，记录编号××	√
一般项目	1	空调与供暖系统的冷热源设备及其辅助设备、配件的绝热，不得影响其操作功能	第 11.3.1 条	/全	共 10 处，全部检查，合格 10 处	100%

施工单位检查结果	主控项目全部合格，一般项目满足规范要求。 专业工长：××× 项目专业质量检查员：××× ××年×月×日
监理单位验收结论	合格，同意验收。 专业监理工程师：××× ××年×月×日

231

表 4.9.16 冷热源及管网节能工程检验批现场验收检查原始记录

单位（子单位）工程名称	筑业软件办公楼建设工程		验收日期	××年×月×日	
检验批名称	冷热源及管网节能工程检验批		对应检验批编号	09020301001	
编号	验收项目	验收部位	验收情况记录		备注
主控项目 3	空调与供暖系统冷热源设备和辅助设备及其管网系统安装	负 1 层～5 层	共检查 10 系统，全部符合设计要求		
主控项目 4	冷热源侧的自控阀门与仪表的安装	同上	共检查 2 处，类型、规格、数量符合设计要求；方向正确，位置便于数据读取、操作、调试和维护		
主控项目 5	锅炉、热交换器、电驱动压缩机蒸气压缩循环冷水（热泵）机组、蒸汽或热水型溴化锂吸收式冷水机组及直燃型溴化锂吸收式冷（温）水机组等设备的安装	同上	共检查 2 处，类型、规格、数量符合设计要求；安装位置及管道连接正确		
主控项目 6	冷却塔、水泵等辅助设备的安装	同上	共检查 4 台，类型、规格、数量符合设计要求		
主控项目 7	多联机空调系统室外机的安装要求	同上	共检查 4 台，安装位置符合设计要求，进排风通畅，便于检查和维护		
主控项目 8	空调水系统管道、制冷剂管道及配件绝热层和防潮层的施工	同上	共检查 2 系统，绝热材料的燃烧性能、材质、规格及厚度等符合设计要求；绝热管壳的捆扎、粘贴牢固，铺设平整；管道阀门、过滤器及法兰部位的绝热严密，并能单独拆卸，且不影响其操作功能		
主控项目 9	冷热源机房、换热站内部空调冷热水管道与支、吊架之间绝热衬垫的验收	同上	检查 5 处，绝热衬垫厚度大于绝热层厚度，宽度大于吊架支承面的宽度。衬垫的表面平整，衬垫与绝热材料之间填实无空隙		
一般项目 1	空调与供暖系统的冷热源设备及其辅助设备、配件的绝热，不得影响其操作功能	同上	共检查 10 处，空调与供暖系统的冷热源设备及其辅助设备、配件的绝热，没有影响其操作功能		
签字栏	专业监理工程师		专业质量检查员		专业工长
	×××		×××		×××

表 4.9.17　配电与照明节能工程检验批质量验收记录

09030101001

单位（子单位）工程名称	筑业软件办公楼建设工程	分部（子分部）工程名称	建筑节能/配电照明节能工程	分项工程名称	配电与照明节能工程
施工单位	××工程有限公司	项目负责人	×××	检验批容量	10 件
分包单位	/	分包单位项目负责人	/	检验批部位	1～3 层照明回路
施工依据	建筑节能施工方案		验收依据	《建筑节能工程施工质量验收标准》GB 50411—2019	

		验收项目	设计要求及规范规定	最小/实际抽样数量	检查记录	检查结果
主控项目	1	配电与照明节能工程所采用的配电设备、电线电缆、照明光源、灯具及其附属装置等产品进场验收	第12.2.1条	/全	质量证明文件齐全，材料进场验收记录××	√
	2	配电与照明节能工程使用的照明光源、照明灯具及附属装置进场复验	第12.2.2条	3/3	检验合格，报告编号××	√
	3	低压配电系统使用的电线、电缆进场时对其导体电阻值进行复验	第12.2.3条	2/2	检验合格，报告编号××	√
	4	配电系统调试及检测	第12.2.4条	/全	试验合格，记录编号××	√
	5	通电试运行	第12.2.5条	4/4	通电试运行合格，记录编号××	√
一般项目	1	配电系统选择的导体截面值	第12.3.1条	5/5	抽查5处，合格5处	100%
	2	母线与母线或母线与电器接线端子，当采用螺栓搭接连接时牢固可靠	第12.3.2条	/	/	/
	3	交流单芯电缆或分相后的每相电缆宜品字形敷设，且不得形成闭合铁磁回路	第12.3.3条	/全	共15处，全部检查，合格15处	100%
	4	三相照明配电干线的各相负荷分配	第12.3.4条	/全	通电试运行合格，记录编号××	√

施工单位检查结果	主控项目全部合格，一般项目满足规范要求。　　专业工长：××× 项目专业质量检查员：××× ××年×月×日
监理单位验收结论	合格，同意验收。　　专业监理工程师：××× ××年×月×日

表 4.9.18 配电与照明节能工程检验批现场验收检查原始记录

单位（子单位） 工程名称	筑业软件办公楼建设工程		验收日期	××年×月×日	
检验批名称	配电与照明节能工程检验批		对应检验批编号	09030101001	
编号	验收项目	验收部位	验收情况记录		备注
一般项目 1	配电系统选择的导体截面值	AW1 回路 L1 相线 AW2 回路 L1 相线 AW3 回路 L1 相线 AW1 回路 N 相线 AW7 回路 L1 相线	$2.5mm^2$ $2.5mm^2$ $2.5mm^2$ $2.5mm^2$ $2.5mm^2$		
一般项目 3	交流单芯电缆或分相后的每相电缆宜品字形敷设，且不得形成闭合铁磁回路	1～3 层照明回路	共检查 15 处，全部成品字形敷设，没有形成闭合铁磁回路		
签字栏	专业监理工程师		专业质量检查员		专业工长
	×××		×××		×××

表 4.9.19 监测与控制节能工程检验批质量验收记录

09040101001

单位（子单位）工程名称	筑业软件办公楼建设工程项目	分部（子分部）工程名称	建筑节能/监测控制节能工程	分项工程名称	监测与控制节能工程
施工单位	××工程有限公司	项目负责人	×××	检验批容量	40 台
分包单位	/	分包单位项目负责人	/	检验批部位	2#楼监测与控制系统节能
施工依据	建筑节能施工方案		验收依据	《建筑节能工程施工质量验收标准》GB 50411—2019	

		验收项目	设计要求及规范规定	最小/实际抽样数量	检查记录	检查结果
主控项目	1	监测与控制节能工程所采用的设备及材料等产品进场验收	第13.2.1条	/	质量证明文件齐全，材料进场验收记录××	√
	2	监测与控制节能工程的传感器、执行机构，其安装位置、方式、要求；预留的检测孔；管道保温时明显标识；监测计量装置的测量数据要求	第13.2.2条	5/5	抽查5台，合格5台	√
	3	监测与控制节能工程系统集成软件测试	第13.2.3条	/全	检测合格，报告编号××	√
	4	监测与控制系统和供暖通风与空调系统试运行与调试	第13.2.4条	/全	调试合格，试运行记录编号××	√
	5	能耗监测计量装置宜具备数据远传功能和能耗核算功能	第13.2.5条	/全	共10台，全部检查，合格10台	√
	6	冷热源的水系统当采取变频调节控制方式时，机组、水泵在低频率工况下，水系统应能正常运行	第13.2.6条	/全	共15台，全部检查，合格15台	√
	7	供配电系统的监测与数据采集要求	第13.2.7条	/全	共10台，全部检查，合格10台	√
	8	照明自动控制系统的功能要求	第13.2.8条	/全	共5台，全部检查，合格5台	√
	9	自动扶梯无人乘行时，应自动停止运行	第13.2.9条	/	/	/
	10	建筑能源管理系统的能耗数据采集与分析功能、设备管理和运行管理功能、优化能源调度功能、数据集成功能要求	第13.2.10条	/全	检测合格，报告编号××	√
	11	建筑能源系统的协调控制及供暖、通风与空调系统的优化监控等节能控制系统要求	第13.2.11条	/全	检测合格，报告编号××	√
	12	监测与控制节能工程对可再生能源系统参数进行监测	第13.2.12条	/	/	/
一般项目	1	监测与控制系统的可靠性、实时性、操作性、可维护性等系统性能检测要求	第13.3.1条	/全	检测合格，报告编号××	√

施工单位检查结果	主控项目全部合格，一般项目满足规范要求。	专业工长：××× 项目专业质量检查员：××× ××年×月×日
监理单位验收结论	合格，同意验收。	专业监理工程师：××× ××年×月×日

表 4.9.20　监测与控制节能工程检验批现场验收检查原始记录

共 1 页　第 1 页

单位（子单位） 工程名称	筑业软件办公楼 建设工程		验收日期	××年×月×日	
检验批名称	监测与控制节能工程检验批		对应检验批编号	09040101001	
编号	验收项目	验收部位	验收情况记录		备注
主控项目 2	监测与控制节能工程的传感器、执行机构，其安装位置、方式要求；预留的检测孔，管道保温时明显标识；监测计量装置的测量数据要求	2♯楼监测与控制系统节能	检查 5 台，符合设计要求		
主控项目 5	能耗监测计量装置宜具备数据远传功能和能耗核算功能	同上	检查 10 台，符合设计要求		
主控项目 6	冷热源的水系统当采取变频调节控制方式时，机组、水泵在低频率工况下，水系统应能正常运行	同上	检查 15 台，水系统末端最不利点水压值均符合设计要求		
主控项目 7	供配电系统的监测与数据采集要求	同上	检查 10 台，中央工作站供配电系统运行数据显示正确，具有报警功能		
主控项目 8	照明自动控制系统的功能要求	同上	检查 5 处，均能按照度控制开关		
签字栏	专业监理工程师		专业质量检查员		专业工长
	×××		×××		×××

表 4.9.21　地源热泵换热系统节能工程检验批质量验收记录

09050101001

单位（子单位）工程名称	筑业软件办公楼建设工程	分部（子分部）工程名称	建筑节能/可再生能源节能工程	分项工程名称	地源热泵换热系统节能工程
施工单位	××工程有限公司	项目负责人	×××	检验批容量	4 系统
分包单位	/	分包单位项目负责人	/	检验批部位	1# 热能站
施工依据	建筑节能施工方案		验收依据	《建筑节能工程施工质量验收标准》GB 50411—2019	

		验收项目	设计要求及规范规定	最小/实际抽样数量	检查记录	检查结果
主控项目	1	地源热泵换热系统节能工程所采用的材料及配件等产品进场验收	第14.2.1条	/	质量证明文件齐全，材料进场验收记录××	√
	2	岩土热响应试验	第14.2.2条	/	试验合格，报告编号××	√
	3	地源热泵地埋管换热系统的安装规定	第14.2.3条	/全	共 4 系统，全部检查，合格 4 系统	√
	4	地源热泵地埋管换热系统管道的连接规定	第14.2.4条	/全	检查合格，隐蔽工程验收记录××	√
	5	地源热泵地下水换热系统的施工	第14.2.5条	/全	试验合格，报告编号××	√
	6	地源热泵地表水换热系统的施工	第14.2.6条	/全	试验合格，报告编号××	√
	7	整体运转、调试	第14.2.7条	/全	调试合格，报告编号××	√
	8	地源热泵系统整体验收前，应进行冬、夏两季运行测试，并对地源热泵系统的实测性能作出评价	第14.2.8条	/全	检查合格，评价报告××	√
一般项目	1	地埋管换热系统在安装前后均应对管路进行冲洗	第14.3.1条	/全	冲洗合格，记录编号××	√
	2	地源热泵换热系统热源水井均应具备连续抽水和回灌的功能	第14.3.2条	/全	检查合格，试验报告××	100%

施工单位检查结果	主控项目全部合格，一般项目满足规范要求。　专业工长：××× 项目专业质量检查员：××× ××年×月×日
监理单位验收结论	合格，同意验收。　专业监理工程师：××× ××年×月×日

237

表 4.9.22 地源热泵换热系统节能工程检验批现场验收检查原始记录

单位（子单位）工程名称	筑业软件办公楼建设工程		验收日期	××年×月×日
检验批名称	地源热泵换热系统节能工程检验批		对应检验批编号	09050101001

编号	验收项目	验收部位	验收情况记录	备注
主控项目3	地源热泵地埋管换热系统的安装规定	1#热能站	共检查4个系统，竖直钻孔的位置、间距、深度、数量符合设计要求；埋管的位置、间距、深度、长度以及管材的材质、管径、厚度符合设计要求；回填料及配比符合设计要求，回填密实	

签字栏	专业监理工程师	专业质量检查员	专业工长
	×××	×××	×××

表 4.9.23 太阳能光热系统节能工程检验批质量验收记录

09050201001

单位（子单位） 工程名称	筑业软件办公楼 建设工程	分部（子分部） 工程名称	建筑节能/可再 生能源节能工程	分项工程名称	太阳能光热系 统节能工程
施工单位	××工程有限公司	项目负责人	×××	检验批容量	40台
分包单位	/	分包单位项目 负责人	/	检验批部位	屋顶1～8/ A～D轴
施工依据	建筑节能施工方案		验收依据	《建筑节能工程施工质量验收标准》 GB 50411—2019	

		验收项目	设计要求及 规范规定	最小/实际 抽样数量	检查记录	检查 结果
主控项目	1	太阳能光热系统节能工程所采用的设备及配件等产品进场验收	第15.2.1条	/	质量证明文件齐全，材料进场验收记录××	√
	2	太阳能光热系统节能工程采用的集热设备、保温材料进场复验	第15.2.2条	/	试验合格，报告编号××	√
	3	太阳能光热系统的安装	第15.2.3条	/全	共40台，全部检查，合格40台	√
	4	集热器设备安装	第15.2.4条	5/5	抽查5台，合格5台	√
	5	储热设备安装及检验	第15.2.5条	/全	共2套，全部检查，合格2套	√
	6	太阳能光热系统辅助加热设备为电直接加热器时，接地保护必须可靠固定，并应加装防漏电、防干烧等保护装置	第15.2.6条	/	试验合格，记录编号××	√
	7	供暖管道保温层和防潮层的施工	第15.2.7条	5/5	抽查5处，合格5处	√
	8	太阳能光热系统试运转和调试	第15.2.8条	/全	调试合格，记录编号××	√
	9	建筑上增设太阳能光热系统，应满足建筑结构及其他相应的安全性能要求，并不得降低相邻建筑的日照标准	第15.2.9条	/全	共40台，全部检查，合格40台	√
一般项目	1	太阳能光热系统过滤器等配件的保温层要求	第15.3.1条	5/5	抽查5台，合格5台	100%
	2	太阳能集中热水供应系统热水循环管的安装	第15.3.2条	/全	试验合格，记录编号××	√
	3	太阳能光热系统在建筑中的安装一体化要求	第15.3.3条	/全	共40台，全部检查，合格40台	100%

施工单位 检查结果	主控项目全部合格，一般项目满足规范要求。	专业工长：××× 项目专业质量检查员：××× ××年×月×日
监理单位 验收结论	合格，同意验收。	专业监理工程师：××× ××年×月×日

表 4.9.24 太阳能光热系统节能工程检验批现场验收检查原始记录

单位（子单位）工程名称	筑业软件办公楼建设工程		验收日期	××年×月×日	
检验批名称	太阳能光热系统节能工程检验批		对应检验批编号	09050201001	
编号	验收项目	验收部位	验收情况记录		备注
主控项目 3	太阳能光热系统的安装	屋顶 1～8/A～D轴	检查 40 台，形式符合设计要求；设备设施仪表按设计要求安装齐全。位置、方向正确，供回水管道的敷设坡度符合设计要求；集热系统所有设备的基座与建筑主体结构的连接牢固		
主控项目 4	集热器设备安装	同上	检查 5 台，规格、数量、安装方式、倾角及定位符合设计要求；集热设备、支架、基座之间连接牢固，支架采取抗风、抗震、防雷、防腐措施，并与建筑物接地系统可靠连接；集热设备连接波纹管安装无凸起现象		
主控项目 5	储热设备安装及检验	同上	检查 2 套，材质、规格、热损因数、保温材料及其性能符合设计要求；贮热设备与底座固定牢固		
主控项目 7	供暖管道保温层和防潮层的施工	同上	检查 5 处，保温材料的燃烧性能、材质及厚度等符合设计要求；保温壳的捆扎、粘贴牢固，铺设平整，每节采用防腐金属丝捆扎 2 道，间距为 300mm，且捆扎紧密，无滑动、松弛及断裂现象		
主控项目 9	建筑上增设太阳能光热系统，应满足建筑结构及其他相应的安全性能要求，并不得降低相邻建筑的日照标准	同上	检查 40 台，满足建筑结构及其他相应的安全性能要求，没有降低相邻建筑的日照标准		
一般项目 1	太阳能光热系统过滤器等配件的保温层要求	同上	检查 5 台，保温层密实、无空隙，不影响其操作功能		
一般项目 3	太阳能光热系统在建筑中的安装一体化要求	同上	检查 40 台，符合设计要求		
签字栏	专业监理工程师		专业质量检查员	专业工长	
	×××		×××	×××	

表 4.9.25 太阳能光伏系统节能工程检验批质量验收记录

09050301001

单位（子单位）工程名称	筑业软件办公楼建设工程	分部（子分部）工程名称	建筑节能/可再生能源节能工程	分项工程名称	太阳能光伏节能工程
施工单位	××工程有限公司	项目负责人	×××	检验批容量	40套
分包单位	/	分包单位项目负责人	/	检验批部位	屋顶1~8/A~D轴
施工依据	建筑节能施工方案		验收依据	《建筑节能工程施工质量验收标准》GB 50411—2019	

		验收项目	设计要求及规范规定	最小/实际抽样数量	检查记录	检查结果
主控项目	1	太阳能光伏系统建筑节能工程所采用的设备及配件等产品进场验收	第16.2.1条	/全	质量证明文件齐全，进场验收记录××	√
	2	太阳能光伏系统的安装	第16.2.2条	/全	共40套，全部检查，合格40套	√
	3	太阳能光伏系统的试运行与调试	第16.2.3条	4/4	抽查4点，合格4点	√
	4	光伏组件的光电转换效率	第16.2.4条	2/2	抽查2套，合格2套	√
	5	太阳能光伏系统安装完调试后功能要求	第16.2.5条	/全	共40套，全部检查，合格40套	√
	6	建筑上增设太阳能光伏发电系统，应满足建筑结构及其他相应的安全性能要求，并不得降低相邻建筑的日照标准	第16.2.6条	/全	共40套，全部检查，合格40套	√
一般项目	1	太阳能光伏系统标识	第16.3.1条	/全	共40套，全部检查，合格40套	100%

施工单位检查结果	主控项目全部合格，一般项目满足规范要求。 专业工长：××× 项目专业质量检查员：××× ××年×月×日
监理单位验收结论	合格，同意验收。 专业监理工程师：××× ××年×月×日

表 4.9.26 太阳能光伏系统节能工程检验批现场验收检查原始记录

单位（子单位）工程名称	筑业软件办公楼建设工程		验收日期	××年×月×日	
检验批名称	太阳能光伏系统节能工程检验批		对应检验批编号	09050301001	
编号	验收项目	验收部位	验收情况记录		备注
主控项目 2	太阳能光伏系统的安装	屋顶 1~8/A~D 轴	共 40 套，检查 40 套，光伏组件安装位置、方向、倾角均符合设计要求，配电设备及配件齐全，便于读数，操作方便，外观、标识符合设计要求		
主控项目 3	太阳能光伏系统的试运行与调试	同上	检查 4 点，符合设计要求		
主控项目 4	光伏组件的光电转换效率	同上	检查 2 套，符合设计要求		
主控项目 5	太阳能光伏系统安装完调试后功能要求	同上	检查 40 套，符合设计要求		
主控项目 6	建筑上增设太阳能光伏发电系统，应满足建筑结构及其他相应的安全性能要求，并不得降低相邻建筑的日照标准	同上	检查 40 套，系统设计满足建筑结构及其他相应的安全性能要求，没有降低相邻建筑的日照标准		
一般项目 1	太阳能光伏系统标识	同上	检查 40 套，均已进行标识		
签字栏	专业监理工程师		专业质量检查员		专业工长
	×××		×××		×××

十、电梯工程

表4.10.1 电梯安装驱动主机检验批质量验收记录

10010301001

单位（子单位）工程名称	筑业软件办公楼建设工程	分部（子分部）工程名称	电梯/电力驱动的曳引式或强制式电梯	分项工程名称	驱动主机
施工单位	××工程有限公司	项目负责人	×××	检验批容量	1部
分包单位	/	分包单位项目负责人	/	检验批部位	3#电梯
施工依据	电梯施工方案		验收依据	《电梯工程施工质量验收规范》GB 50310—2002	

		验收项目	设计要求及规范规定	最小/实际抽样数量	检查记录	检查结果
主控项目	1	驱动主机安装	第4.3.1条	/全	共1部，全部检查，合格1部	√
一般项目	1	主机承重埋设	第4.3.2条	/全	共1部，全部检查，合格1部	100%
	2	制动器动作、制动间隙	第4.3.3条	/全	共1部，全部检查，合格1部	100%
	3	驱动主机及其底座与梁安装	产品设计要求	/全	共1部，全部检查，合格1部	100%
	4	驱动主机减速箱内油量	应在限定范围	/全	共1部，全部检查，合格1部	100%
	5	机房内钢丝绳与楼板孔洞边间隙	20～40mm	/全	共1部，全部检查，合格1部	100%
		通向井道的而空洞四周设置台缘高度	≥50mm	/全	共1部，全部检查，合格1部	100%

施工单位检查结果	主控项目全部合格，一般项目满足规范要求。 专业工长：××× 项目专业质量检查员：××× ××年×月×日
监理单位验收结论	合格，同意验收。 专业监理工程师：××× ××年×月×日

表 4.10.2 电梯安装驱动主机检验批现场验收检查原始记录

单位（子单位）工程名称	筑业软件办公楼建设工程		验收日期		××年×月×日
检验批名称	电梯安装驱动主机检验批		对应检验批编号		10010301001
编号	验收项目	验收部位	验收情况记录		备注
主控项目1	驱动主机安装	3♯电梯	检查1部，紧急操作装置动作正常；可拆卸的装置置于驱动主机附近，紧急救援操作说明贴于紧急操作时易见处		
一般项目1	主机承重埋设	同上	检查1部，驱动主机承重梁埋入承重墙，埋入端长度超过墙厚中心25mm，且支承长度大于75mm		
一般项目2	制动器动作、制动间隙	同上	检查1部，符合产品设计要求		
一般项目3	驱动主机及其底座与梁安装	同上	检查1部，符合产品设计要求		
一般项目4	驱动主机减速箱内油量	同上	检查1部，驱动主机减速箱内油量在油标所限定的范围内		
一般项目5	机房内钢丝绳与楼板孔洞边间隙	同上	35mm		
	通向井道的而空洞四周设置台缘高度	同上	65mm		
签字栏	专业监理工程师		专业质量检查员		专业工长
	×××		×××		×××

表 4.10.3　电梯安装导轨检验批质量验收记录

10010401001

单位（子单位）工程名称	筑业软件办公楼建设工程	分部（子分部）工程名称	电梯/电力驱动的曳引式或强制式电梯	分项工程名称	导轨
施工单位	××工程有限公司	项目负责人	×××	检验批容量	1 部
分包单位	/	分包单位项目负责人	/	检验批部位	3♯电梯
施工依据	电梯施工方案		验收依据	《电梯工程施工质量验收规范》GB 50310—2002	

主控项目		验收项目		设计要求及规范规定	最小/实际抽样数量	检查记录	检查结果
	1	导轨安装位置		设计要求	/全	共 1 部，全部检查，合格 1 部	√
一般项目	1	两列导轨顶面间的距离偏差	轿厢导轨	0～+2mm	/全	共 1 部，全部检查，合格 1 部	100%
			对重导轨	0～+3mm	/全	共 1 部，全部检查，合格 1 部	100%
	2	导轨支架安装		第 4.4.3 条	/全	共 1 部，全部检查，合格 1 部	100%
	3	每列导轨工作面与安装基准线每 5 米偏差值	轿厢导轨和设有安全钳的对重导轨	≤0.6mm	/全	共 1 部，全部检查，合格 1 部	100%
			不设安全钳的对重导轨	≤1.0mm	/	/	/
	4	轿厢导轨和设有安全钳的对重导轨工作面接头		第 4.4.5 条	/全	共 1 部，全部检查，合格 1 部	100%
	5	不设安全钳对重导轨接头	接头处缝隙	≤1.0mm	/	/	/
			接头处台阶	≤0.15mm	/	/	/

施工单位检查结果	主控项目全部合格，一般项目满足规范要求。　　　专业工长：××× 项目专业质量检查员：××× ××年×月×日
监理单位验收结论	合格，同意验收。　　　专业监理工程师：××× ××年×月×日

表4.10.4 电梯安装导轨检验批现场验收检查原始记录

单位（子单位）工程名称	筑业软件办公楼建设工程		验收日期	××年×月×日	
检验批名称	电梯安装导轨检验批		对应检验批编号	10010401001	
编号	验收项目	验收部位	验收情况记录		备注
一般项目1	两列导轨顶面间的距离偏差：轿厢导轨 对重导轨	3#电梯	＋1mm ＋1mm		
一般项目2	导轨支架安装	同上	检查1部，导轨支架安装应固定可靠。预埋件符合土建布置图要求		
一般项目3	每列导轨工作面与安装基准线每5米偏差值：轿厢导轨和设有安全钳的对重导轨	同上	0.5mm		
一般项目4	轿厢导轨和设有安全钳的对重导轨工作面接头	同上	检查1部，接头处无连续缝隙		
签字栏	专业监理工程师 ×××		专业质量检查员 ×××	专业工长 ×××	

246

表 4.10.5 电梯安装轿厢检验批质量验收记录

10010601001

单位(子单位)工程名称	筑业软件办公楼建设工程	分部(子分部)工程名称	电梯/电力驱动的曳引式或强制式电梯	分项工程名称	轿厢
施工单位	××工程有限公司	项目负责人	×××	检验批容量	1部
分包单位	/	分包单位项目负责人	/	检验批部位	3#电梯
施工依据	电梯施工方案		验收依据	《电梯工程施工质量验收规范》GB 50310—2002	

主控项目		验收项目	设计要求及规范规定	最小/实际抽样数量	检查记录	检查结果
主控项目	1	玻璃轿壁扶手的设置	第4.6.1条	/全	共1部,全部检查,合格1部	√
一般项目	1	反绳轮应设防护装置和挡绳装置	第4.6.2条	/全	共1部,全部检查,合格1部	100%
一般项目	2	轿顶防护及警示规定	第4.6.3条	/全	共1部,全部检查,合格1部	100%

施工单位检查结果	主控项目全部合格,一般项目满足规范要求。 专业工长:××× 项目专业质量检查员:××× ××年×月×日
监理单位验收结论	合格,同意验收。 专业监理工程师:××× ××年×月×日

表 4.10.6 电梯安装轿厢检验批现场验收检查原始记录

单位（子单位）工程名称	筑业软件办公楼建设工程		验收日期	××年×月×日
检验批名称	电梯安装轿厢检验批		对应检验批编号	10010601001

编号	验收项目	验收部位	验收情况记录	备注
主控项目 1	玻璃轿壁扶手的设置	3#电梯	检查 1 部，在距轿底面 1.0m 的高度安装扶手，独立固定，与玻璃无关	
一般项目 1	反绳轮应设防护装置和挡绳装置	同上	检查 1 部，反绳轮设置防护装置和挡绳装置	
一般项目 2	轿顶防护及警示规定	同上	检查 1 部，轿顶装设防护栏	

签字栏	专业监理工程师	专业质量检查员	专业工长
	×××	×××	×××

表 4.10.7 电梯安装安全部件检验批质量验收记录

10010801001

单位（子单位）工程名称	筑业软件办公楼建设工程	分部（子分部）工程名称	电梯/电力驱动的曳引式或强制式电梯	分项工程名称	安全部件
施工单位	××工程有限公司	项目负责人	×××	检验批容量	1 部
分包单位	/	分包单位项目负责人	/	检验批部位	3# 电梯
施工依据	电梯施工方案		验收依据	《电梯工程施工质量验收规范》GB 50310—2002	

		验收项目	设计要求及规范规定	最小/实际抽样数量	检查记录	检查结果
主控项目	1	限速器动作速度封记	第4.8.1条	/全	共1部，全部检查，合格1部	√
	2	安全钳可调节封记	第4.8.2条	/	/	/
一般项目	1	限速器张紧装置安装位置	第4.8.3条	/全	共1部，全部检查，合格1部	100%
	2	安全钳与导轨间隙	设计要求	/全	共1部，全部检查，合格1部	100%
	3	缓冲器撞板中心与缓冲器中心相关距离及偏差	≤20mm	/全	共1部，全部检查，合格1部	100%
	4	液压缓冲器垂直度及充液量	第4.8.6条	/全	共1部，全部检查，合格1部	100%

施工单位检查结果	主控项目全部合格，一般项目满足规范要求。 专业工长：××× 项目专业质量检查员：××× ××年×月×日
监理单位验收结论	合格，同意验收。 专业监理工程师：××× ××年×月×日

表 4.10.8 电梯安装安全部件检验批现场验收检查原始记录

共1页 第1页

单位（子单位）工程名称	筑业软件办公楼建设工程		验收日期	××年×月×日	
检验批名称	电梯安装安全部件检验批		对应检验批编号	10010801001	
编号	验收项目	验收部位	验收情况记录		备注
主控项目1	限速器动作速度封记	3#电梯	检查1部，整定封记完好，且无拆动痕迹		
一般项目1	限速器张紧装置安装位置	同上	检查1部，限速器张紧装置与其限位开关相对位置安装正确		
一般项目2	安全钳与导轨间隙	同上	检查1部，符合产品设计要求		
一般项目3	缓冲器撞板中心与缓冲器中心相关距离及偏差	同上	15mm		
	液压缓冲器：垂直度 充液量	同上	垂直度：0.4% 检查1部，充液量正确		
签字栏	专业监理工程师		专业质量检查员		专业工长
	×××		×××		×××

表 4.10.9　电梯安装液压系统检验批质量验收记录

10020301001

单位（子单位）工程名称	筑业软件办公楼建设工程	分部（子分部）工程名称	电梯/液压电梯	分项工程名称	液压系统
施工单位	××工程有限公司	项目负责人	×××	检验批容量	1部
分包单位	/	分包单位项目负责人	/	检验批部位	2♯液压电梯
施工依据	电梯施工方案		验收依据	《电梯工程施工质量验收规范》GB 50310—2002	

		验收项目	设计要求及规范规定	最小/实际抽样数量	检查记录	检查结果
主控项目	1	液压泵站及顶升机构的安装	顶升机构必须安装牢固	/全	共1部，全部检查，合格1部	√
			缸体垂直度严禁＞0.4‰	/全	共1部，全部检查，合格1部	√
一般项目	1	液压管路连接	第5.3.2条	/全	共1部，全部检查，合格1部	100%
	2	液压泵站油位显示	第5.3.3条	/全	共1部，全部检查，合格1部	100%
	3	显示系统工作压力的压力表	第5.3.4条	/全	共1部，全部检查，合格1部	100%

施工单位检查结果	主控项目全部合格，一般项目满足规范要求。 专业工长：××× 项目专业质量检查员：××× ××年×月×日
监理单位验收结论	合格，同意验收。 专业监理工程师：××× ××年×月×日

表 4.10.10 电梯安装液压系统检验批现场验收检查原始记录

单位（子单位）工程名称	筑业软件办公楼建设工程		验收日期	××年×月×日
检验批名称	电梯安装液压系统检验批		对应检验批编号	10020301001

编号	验收项目	验收部位	验收情况记录	备注
主控项目1	液压泵站及顶升机构的安装	2#液压电梯	检查1部，安装牢固	
	缸体垂直度	同上	0.2‰	
一般项目1	液压管路连接	同上	检查1部，可靠连接，且无渗漏现象	
一般项目2	液压泵站油位显示	同上	检查1部，油位显示清晰、准确	
一般项目3	显示系统工作压力的压力表	同上	检查1部，压力表清晰、准确	
签字栏	专业监理工程师		专业质量检查员	专业工长
	×××		×××	×××

表 4.10.11　电梯安装悬挂装置、随行电缆检验批质量验收记录

10020901001

单位（子单位）工程名称	筑业软件办公楼建设工程	分部（子分部）工程名称	电梯/液压电梯	分项工程名称	悬挂装置、随行电缆
施工单位	××工程有限公司	项目负责人	×××	检验批容量	1 部
分包单位	/	分包单位项目负责人	/	检验批部位	2# 液压电梯
施工依据	电梯施工方案		验收依据	《电梯工程施工质量验收规范》GB 50310—2002	

		验收项目	设计要求及规范规定	最小/实际抽样数量	检查记录	检查结果
主控项目	1	绳头组合	第 5.9.1 条 第 4.9.1 条	/全	共 1 部，全部检查，合格 1 部	√
	2	钢丝绳严禁有死弯	第 5.9.2 条	/全	共 1 部，全部检查，合格 1 部	√
	3	轿厢悬挂要求	第 5.9.3 条	/	/	/
	4	随行电缆严禁打结和波浪扭曲	第 5.9.4 条	/全	共 1 部，全部检查，合格 1 部	√
一般项目	1	钢丝绳或链条的张力与平均值	第 5.9.5 条	/全	共 1 部，全部检查，合格 1 部	100%
	2	随行电缆的安装	第 5.9.6 条	/全	共 1 部，全部检查，合格 1 部	100%

施工单位检查结果	主控项目全部合格，一般项目满足规范要求。 专业工长：××× 项目专业质量检查员：××× ××年×月×日
监理单位验收结论	合格，同意验收。 专业监理工程师：××× ××年×月×日

表 4.10.12　电梯安装悬挂装置、随行电缆检验批现场验收检查原始记录

单位（子单位）工程名称	筑业软件办公楼建设工程		验收日期	××年×月×日
检验批名称	电梯安装悬挂装置、随行电缆检验批		对应检验批编号	10020901001
编号	验收项目	验收部位	验收情况记录	备注
主控项目1	绳头组合	2♯液压电梯	检查1部，绳头组合安全可靠，且每个绳头组合已安装防螺母松动和脱落的装置	
主控项目2	钢丝绳严禁有死弯	同上	检查1部，无死弯	
主控项目4	随行电缆严禁打结和波浪扭曲	同上	检查1部，无打结和波浪扭曲现象	
一般项目1	钢丝绳或链条的张力与平均值偏差	同上	4%	
一般项目2	随行电缆的安装	同上	检查1部，随行电缆端部固定可靠，在运行中与井道内其他部件无干涉	
签字栏	专业监理工程师		专业质量检查员	专业工长
	×××		×××	×××

表 4.10.13 自动扶梯、自动人行道整机安装验收检验批质量验收记录

10030301001

单位（子单位）工程名称	筑业软件办公楼建设工程	分部（子分部）工程名称	电梯/自动扶梯、自动人行道	分项工程名称	整机安装验收
施工单位	××工程有限公司	项目负责人	×××	检验批容量	1 部
分包单位	/	分包单位项目负责人	/	检验批部位	4# 自动扶梯
施工依据	电梯施工方案		验收依据	《电梯工程施工质量验收规范》GB 50310—2002	

		验收项目	设计要求及规范规定	最小/实际抽样数量	检查记录	检查结果
主控项目	1	自动停止运行规定	第 6.3.1 条	/全	共 1 部，全部检查，合格 1 部	√
	2	不同回路导线对地绝缘电阻测量	第 6.3.2 条	/	试验合格，记录编号××	√
	3	电气设备接地	第 6.3.3 条 第 4.10.1 条	/	检查合格，接地电阻测试记录编号××	√
一般项目	1	整机安装检查	第 6.3.4 条	/全	共 1 部，全部检查，合格 1 部	100%
	2	性能试验	第 6.3.5 条	/	试验合格，记录编号××	√
	3	制动试验	第 6.3.6 条	/	试验合格，记录编号××	√
	4	电气装置	第 6.3.7 条	/全	共 1 部，全部检查，合格 1 部	100%
	5	观感检查	第 6.3.8 条	/全	共 1 部，全部检查，合格 1 部	100%

施工单位检查结果	主控项目全部合格，一般项目满足规范要求。 专业工长：××× 项目专业质量检查员：××× ××年×月×日
监理单位验收结论	合格，同意验收。 专业监理工程师：××× ××年×月×日

表 4.10.14 自动扶梯、自动人行道整机安装检验批现场验收检查原始记录

共 1 页　第 1 页

单位（子单位）工程名称	筑业软件办公楼建设工程		验收日期	××年×月×日
检验批名称	自动扶梯、自动人行道整机安装验收检验批		对应检验批编号	10030301001

编号	验收项目	验收部位	验收情况记录	备注
主控项目 1	自动停止运行规定	4♯自动扶梯	检查 1 部，符合设计要求	
一般项目 1	整机安装检查	同上	检查 1 部，梯级、踏板、胶带的楞齿及梳齿板完整、光滑；入口处设置使用须知的标牌；内盖板、外盖板、围裙板、扶手支架、扶手导轨、护壁板接缝平整；梳齿板梳齿与踏板面齿槽的啮合深度大于 6mm	
一般项目 4	电气装置	同上	检查 1 部，主电源开关没有切断电源插座、检修和维护所必需的照明电源	
一般项目 5	观感检查	同上	检查 1 部，上行和下行自动扶梯、自动人行道，梯级、踏板和胶带与围裙板之间无刮碰现象，扶手带外表面无刮痕	
签字栏	专业监理工程师		专业质量检查员	专业工长
	×××		×××	×××